重点行业排污许可核发及监管技术要点

管 蓓◎著

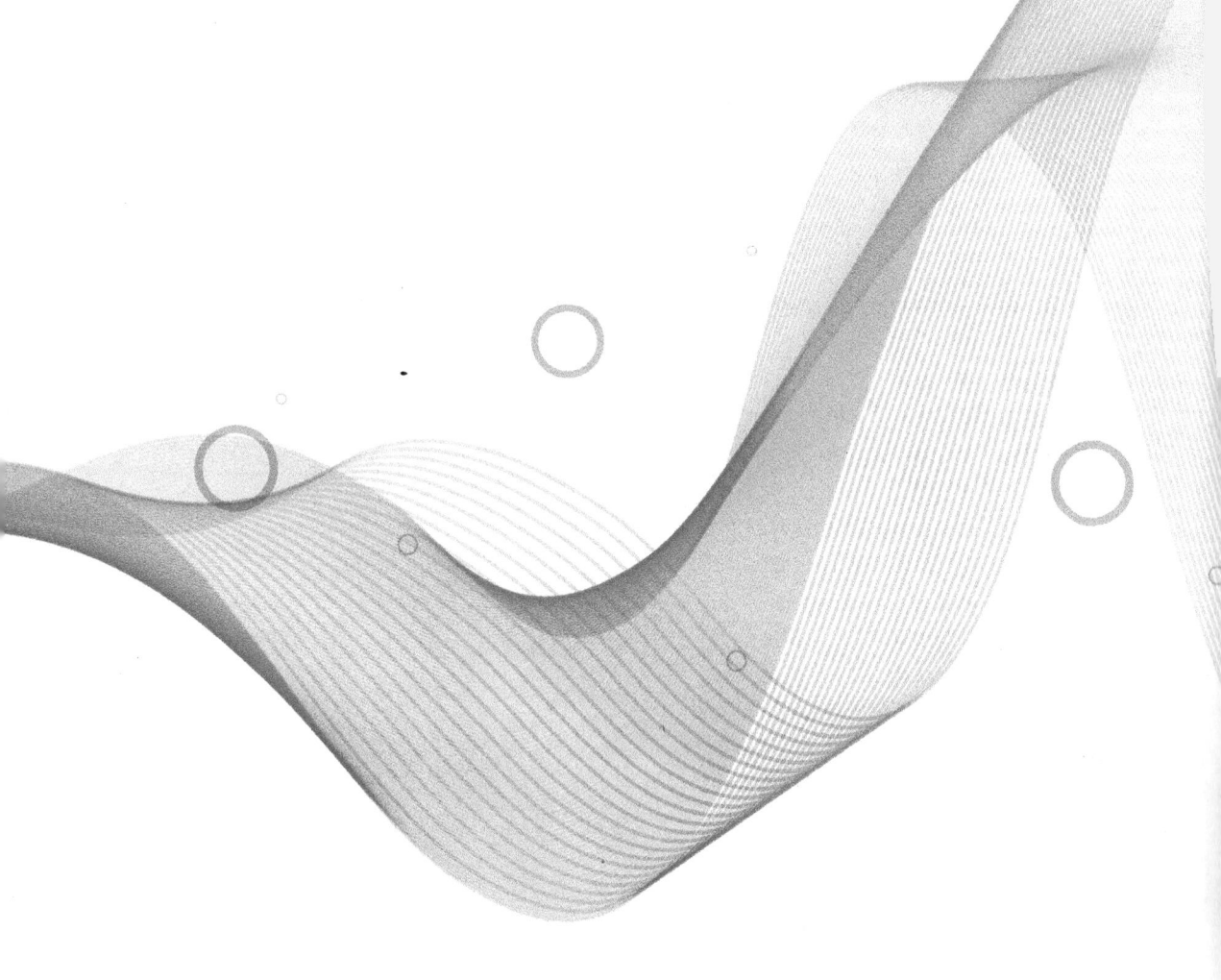

河海大学出版社
·南京·

图书在版编目(CIP)数据

重点行业排污许可核发及监管技术要点 / 管蓓著
. --南京：河海大学出版社，2022.12(2023.4重印)
ISBN 978-7-5630-7931-5

Ⅰ．①重… Ⅱ．①管… Ⅲ．①排污许可证－许可证制度－研究－中国 Ⅳ．①X-652

中国版本图书馆 CIP 数据核字(2022)第 254628 号

书　　名	重点行业排污许可核发及监管技术要点
书　　号	ISBN 978-7-5630-7931-5
责任编辑	龚　俊
特约编辑	梁顺弟　卞月眉
特约校对	丁寿萍　许金凤
封面设计	徐娟娟
出版发行	河海大学出版社
地　　址	南京市西康路 1 号(邮编：210098)
网　　址	http://www.hhup.cm
电　　话	(025)83737852(总编室)
	(025)83722833(营销部)
经　　销	江苏省新华发行集团有限公司
排　　版	南京布克文化发展有限公司
印　　刷	苏州市古得堡数码印刷有限公司
开　　本	787 毫米×1092 毫米　1/16
印　　张	9.5
字　　数	224 千字
版　　次	2022 年 12 月第 1 版
印　　次	2023 年 4 月第 2 次印刷
定　　价	80.00 元

目录

第一章 排污许可相关政策及管理要求 ·········· 001
  1 政策法规 ·········· 001
    1.1 控制污染物排放许可制实施方案 ·········· 001
    1.2 排污许可管理办法(试行) ·········· 002
    1.3 排污许可管理条例 ·········· 002
    1.4 政策法规中重要条款的比较 ·········· 003
  2 技术文件 ·········· 003
    2.1 排污许可证申请与核发技术规范 ·········· 004
    2.2 排污单位自行监测指南 ·········· 008
    2.3 污染防治可行技术指南 ·········· 010

第二章 电力行业 ·········· 011
  1 行业概况及管理类别 ·········· 011
    1.1 行业概况 ·········· 011
    1.2 管理类别 ·········· 011
  2 主要标准及技术规范 ·········· 013
  3 燃煤电厂 ·········· 014
    3.1 主要产排污环节 ·········· 014
    3.2 行业污染排放情况 ·········· 016
    3.3 自行监测 ·········· 017
    3.4 总量核算 ·········· 018
    3.5 许可证核发及监管技术要点 ·········· 027
  4 燃气电厂 ·········· 028
    4.1 主要产排污环节 ·········· 028
    4.2 行业污染排放情况 ·········· 030
    4.3 自行监测 ·········· 031
    4.4 总量核算 ·········· 031
    4.5 许可证核发及监管技术要点 ·········· 036

第三章 污水处理及其再生利用行业 ········ 038
- 1 行业概况及管理类别 ········ 038
  - 1.1 行业概况 ········ 038
  - 1.2 管理类别 ········ 038
- 2 主要标准及技术规范 ········ 040
- 3 主要产排污环节 ········ 042
- 4 行业污染排放情况 ········ 042
- 5 自行监测 ········ 046
- 6 总量核算 ········ 047
  - 6.1 大气污染物 ········ 047
  - 6.2 水污染物 ········ 052
  - 6.3 污泥 ········ 056
- 7 许可证核发与监管技术要点 ········ 058

第四章 电池制造工业 ········ 064
- 1 行业概况及管理类别 ········ 064
  - 1.1 行业概况 ········ 064
  - 1.2 管理类别 ········ 064
- 2 主要标准及技术规范 ········ 066
- 3 铅蓄电池 ········ 066
  - 3.1 主要产排污环节 ········ 066
  - 3.2 行业污染排放情况 ········ 068
  - 3.3 自行监测 ········ 069
  - 3.4 总量核算 ········ 071
  - 3.5 许可证核发及监管技术要点 ········ 082
- 4 锂离子电池 ········ 084
  - 4.1 主要产排污环节 ········ 084
  - 4.2 行业污染物排放情况 ········ 085
  - 4.3 自行监测 ········ 087
  - 4.4 许可证核发及监管技术要点 ········ 087

第五章 涂料、油墨、颜料及类似产品制造业 ········ 089
- 1 行业概况及管理类别 ········ 089
  - 1.1 行业概况 ········ 089
  - 1.2 管理类别 ········ 089
- 2 主要标准及技术规范 ········ 091
- 3 涂料制造、油墨及类似品制造 ········ 092
  - 3.1 主要产排污环节 ········ 092

3.2　行业污染排放情况 …………………………………………… 094
　　3.3　自行监测 ……………………………………………………… 099
　　3.4　总量核算 ……………………………………………………… 099
　　3.5　许可证核发及监管技术要点 ………………………………… 106
　4　工业颜料制造 ……………………………………………………… 107
　　4.1　主要产排污环节 ……………………………………………… 107
　　4.2　行业污染物排放情况 ………………………………………… 110
　　4.3　自行监测 ……………………………………………………… 110
　　4.4　总量核算 ……………………………………………………… 117
　　4.5　许可证核发及监管技术要点 ………………………………… 125

第六章　电镀工业 ……………………………………………………… 127
　1　行业概况及管理类别 ……………………………………………… 127
　　1.1　行业概况 ……………………………………………………… 127
　　1.2　管理类别 ……………………………………………………… 127
　2　主要标准及技术规范 ……………………………………………… 128
　3　主要产排污环节 …………………………………………………… 129
　4　行业污染排放情况 ………………………………………………… 131
　5　自行监测 …………………………………………………………… 133
　6　总量核算 …………………………………………………………… 134
　　6.1　大气污染物 …………………………………………………… 135
　　6.2　水污染物 ……………………………………………………… 139
　7　许可证核发及监管技术要点 ……………………………………… 144

第一章

排污许可相关政策及管理要求

1 政策法规

党的十八大以来，党中央、国务院为深化生态环境领域改革，全面推动实施排污许可制度。2013年11月12日十八届三中全会通过《中共中央关于全面深化改革若干重大问题的决定》，将"完善污染物排放许可制"作为改革生态环境保护管理体制的重要任务；2015年以来国家陆续颁布了《中共中央 国务院关于加快推进生态文明建设的意见》《生态文明体制改革总体方案》《中共中央关于制定国民经济和社会发展第十三个五年规划的建议》等文件，明确改革环境治理基础制度，完善污染物排放许可制，建立覆盖所有固定污染源的企业排放许可制相关要求。

2016年11月21日国务院办公厅印发《控制污染物排放许可制实施方案》（以下简称《实施方案》），明确了实施排污许可制的总体办法和具体要求，标志着我国排污许可制度改革进入实施阶段；2017年11月6日环境保护部部务会议审议通过《排污许可管理办法（试行）》（以下简称《管理办法》），2018年1月10日起正式实施，规定了排污许可的适用范围、实施程序、排污许可证内容、排污许可证监管等内容，推动了排污许可制度改革和排污许可证的核发；2021年1月24日李克强总理签署《排污许可管理条例》（以下简称《管理条例》），2021年3月1日起施行，更详细明确了排污许可的实施程序、实施条件和实施步骤，进一步推进了生态文明建设和深化了生态环境领域改革。

1.1 控制污染物排放许可制实施方案

《实施方案》的发布，是落实党中央国务院的决策部署，依法明确排污许可具体办法和实施步骤的指导性文件。《实施方案》明确了实施排污许可制的总体要求、如何衔接整合相关环境管理制度、如何规范有序发放排污许可证、如何落实企事业单位环境保护责任以及如何做好排污许可制实施保障等内容。

《实施方案》旨在全力推进实现固定污染源全覆盖作为目标任务，第（九）条也明确提出，在大气、水污染物之外，要依法逐步纳入其他污染物，同时也要求按行业分步实现对固定污染源的全覆盖，率先对火电、造纸行业企业核发排污许可证，2017年完成《大气污染防治行动计划》和《水污染防治行动计划》重点行业及产能过剩行业企业排污许可证核发，2020年全国基本完成排污许可证核发。

《实施方案》明确提出要生态环境管理制度健全联动,第(四)、第(五)条强调企事业单位必须做好环境影响评价制度、排放总量控制制度等与排污许可制的充分衔接,实现从污染预防到污染治理和排放控制的全过程监管。

排污许可要实现"一证式"管理目标,要强化固定污染源"一证式"执法监管,根据《实施方案》的要求,重点检查许可事项和管理要求的落实情况,通过执法监测、核查台账等手段,核实排放数据和报告的真实性,判定是否达标排放,核定排放量;同时实行"谁核发、谁监管"的原则。

1.2 排污许可管理办法(试行)

《管理办法》对排污许可的适用范围、实施程序、排污许可证内容、排污许可监管、法律责任等作出了具体的规定,同时,《管理办法》明确了排污者责任,强调守法激励、违法惩戒;规定了排污许可证核发程序等内容,细化了环保部门、排污单位和第三方机构的法律责任,为改革完善排污许可制迈出了坚实的一步;对排污许可证申请、核发、执行、监管全过程的相关规定进行完善,并进一步提高可操作性。

《管理办法》进一步明确了排污许可的实施主体。根据《实施方案》的要求,县级以上地方政府环境保护部门负责排污许可证核发,地方性法规另有规定的从其规定;同时实行"谁核发,谁监管"的原则。《管理办法》延续了上述思路,并对核发主体作了进一步明确,其中第六条规定,排污单位生产经营场所所在地设区的市级环境保护主管部门负责排污许可证核发。地方性法规对核发权限另有规定的,从其规定。

《管理办法》进一步细化了排污许可证的内容,根据《实施方案》的要求,排污许可证中明确许可排放的污染物种类、浓度、排放量、排放去向等事项,载明污染治理设施、环境管理要求等相关内容。地方政府制定的环境质量限期达标规划、重污染天气应对措施中对企事业单位有更加严格的排放控制要求的,应当在排污许可证中予以明确。《管理办法》对内容作了进一步的细化,根据其发布的规范要求,排污许可证由正本和副本构成,登记的内容主要包括基本信息、登记事项、许可事项、管理要求等信息。

《管理办法》对排污许可制度与环境影响评价制度、总量控制制度之间的衔接与融合作出了初步规定,其中办法第十七条规定,核发环保部门按照排污许可证申请与核发技术规范规定的行业重点污染物允许排放量核算方法,以及环境质量改善的要求,确定排污单位的许可排放量。同时,对于2015年1月1日及以后取得建设项目环境影响评价审批意见的排污单位,环境影响评价文件及审批意见中与污染物排放相关的主要内容应当纳入排污许可证。

1.3 排污许可管理条例

《管理条例》对排污许可证的申请与审批、排污管理、监督检查、法律责任等作出了具体的规定,有利于推动企事业单位落实治污主体责任,进一步形成公平规范的环境执法守法秩序。随着《管理条例》的发布,排污许可制度有了更详细明确的实施程序、实施条件和实施步骤。

《管理条例》进一步规范了排污许可制度,主要体现在以下几个方面:一是依据分类管理名录,实施分类管理,重点及简化的排污单位需申领排污许可证,属于行政许可,许可证都是唯一编码的,登记管理的排污单位不需要申领排污许可证,不属于行政许可,只需登记排污信息即可;二是进一步规范了排污许可证申请与审批程序,《管理条例》第七条和第八条详细说明了排污许可证的申请材料、申请方式和申请条件,第九至十二条对颁发排污许可证的范围、条件、内容、有效期限、实施步骤、管理要求等作出了明确的规定,第十四条明确了排污许可证需延续使用时排污单位和审批部门需要注意的程序。

《管理条例》进一步强化了企业主体责任,排污单位需持证排污,按证排污,应当遵守排污许可证规定,按照生态环境管理要求运行和维护污染防治设施,建立环境管理制度,严格控制污染物排放。同时,排污单位应当开展证后环境管理,其中台账记录保存期限不少于5年,排污单位需自行开展排放监测,原始监测记录保存期限不少于5年。

《管理条例》强调了需加强许可监管执法,条例第二十五条明确了生态环境主管部门需加强对排污许可的事中事后监管,将排污许可执法检查纳入生态环境执法年度计划,根据排污许可管理类别、排污单位信用记录和生态环境管理需要等因素,合理确定检查频次和检查方式。《管理条例》第三十二至四十五条要求,加大对违法行为的处罚力度,提高违法成本,对违法企业采取按日连续处罚、停产整治或者停业、关闭等手段,甚至可以撤销、注销或者吊销其排污许可证。生态环境部门在全国排污许可证管理信息平台上记录执法检查时间、内容、结果以及对排污单位的处罚决定,处罚决定纳入国家有关信用信息系统,并向社会公布。

1.4 政策法规中重要条款的比较

综观《管理条例》,主管部门的管理重点从审批监管过渡到严厉处罚的特点十分突出,和《管理办法》相比,其中主要变化如下:

一是延长了台账记录和的原始监测记录保存期限。从《管理办法》中的不少于三年延长到《管理条例》中的五年。

二是变更了排污许可证的有效期。由《管理办法》里"首次发放的排污许可证有效期为三年,延续换发的排污许可证有效期为五年"变更为《管理条例》中的"排污许可证有效期为5年"。

三是新增吊销许可证的处罚。《管理条例》第三十四条,生态环境主管部门对排污单位的特定违法行为,可责令改正或者限制生产、停产整治,处20万元以上100万元以下的罚款;情节严重的,吊销排污许可证,报经有批准权的人民政府批准,责令停业、关闭。

四是增大了罚款力度。罚款情形更为全面,从《管理办法》中的9种增至《管理条例》中的25种,共新增16种罚款情形;同时提高了罚款金额的下限,涉及6种罚款情形,其罚款金额下限由10万元提高到20万元。

五是细化了环境管理要求。《管理条例》新增了对环境管理台账、排污许可证执行报告、自行监测、信息公开等的相关规定,条例第十九至二十三条都已作出了详细的要求。

2 技术文件

排污许可制配套技术规范文件主要包含《固定污染源排污许可分类管理名录(2019

年版)》、排污许可证申请与核发技术规范、排污单位自行监测技术指南及污染防治可行技术指南等。《固定污染源排污许可分类管理名录(2019年版)》主要规定管理范围、管理类别、分类管理要求等内容,与1 382个国民经济行业小类相对应,涉及706个固定污染源,基本实现了固定污染源的全覆盖。排污许可证申请与核发技术规范用于指导和规范排污单位排污许可证申请与核发工作,增强排污许可填报的科学性、准确性及全面性。行业污染防治可行技术指南主要应用于污染治理内容填报,为排污许可证申请与核发过程中污染物防治技术选择做参考,若未出台行业污染防治可行技术指南,则参照相应行业的排污许可证申请与核发技术规范。《排污单位自行监测技术指南》规范排污单位自行监测工作,明确排污单位自行监测的一般要求、监测方案制定、监测质量保证和质量控制、信息记录和报告等内容。

2.1 排污许可证申请与核发技术规范

目前环保部共颁布了75个核发技术规范,其中2016年发布了火电和造纸两个行业,随后2017年发布了22个,2018年发布了10个,2019年发布了19个,2020年发布了21个,2021年发布了1个,涉及钢铁、石化、制药、农药等行业,具体见表1-1。排污许可证申请与核发技术规范的发布,完善了排污许可体系建设,为许可证精准、高效、细致的申请与核发奠定了技术基础。

排污单位在申请许可证时,优先依据核发技术规范的适用范围选取相应规范,若没有适用的行业技术规范则按照《总则》要求申领许可证。核发技术主要涵盖了适用范围、排污单位产排污环节、许可排放限值和实际排放量的确定与核算方法以及自行监测、环境管理台账、污染防治可行技术的原则等内容。已发布排污许可核发技术规范见表1-1。

表1-1 已发布排污许可核发技术规范一览表

序号	行业类别	排污许可技术规范名称	实施时间
1	火电	《火电行业排污许可证申请与核发技术规范》(环水体〔2016〕189号附件1)	2016年12月27日
2	造纸	《造纸行业排污许可证申请与核发技术规范》(环水体〔2016〕189号附件2)	2016年12月27日
3	钢铁工业	《排污许可证申请与核发技术规范钢铁工业》(HJ 846—2017)	2017年7月27日
4	水泥工业	《排污许可证申请与核发技术规范水泥工业》(HJ 847—2017)	2017年7月27日
5	石化工业	《排污许可证申请与核发技术规范石化工业》(HJ 853—2017)	2017年8月22日
6	炼焦化学工业	《排污许可证申请与核发技术规范炼焦化学工业》(HJ 854—2017)	2017年9月13日
7	电镀工业	《排污许可证申请与核发技术规范电镀工业》(HJ 855—2017)	2017年9月12日
8	玻璃工业	《排污许可证申请与核发技术规范玻璃工业—平板玻璃》(HJ 856—2017)	2017年9月12日
9	制药工业	《排污许可证申请与核发技术规范制药工业—原料药制造》(HJ 858.1—2017)	2017年9月29日
10	制革及毛皮加工工业	《排污许可证申请与核发技术规范制革及毛皮加工工业—制革工业》(HJ 859.1—2017)	2017年9月29日

续表

序号	行业类别	排污许可技术规范名称	实施时间
11	农副食品加工工业	《排污许可证申请与核发技术规范农副食品加工工业—制糖工业》(HJ 860.1—2017)	2017年9月29日
12	纺织印染工业	《排污许可证申请与核发技术规范纺织印染工业》(HJ 861—2017)	2017年9月29日
13	农药制造工业	《排污许可证申请与核发技术规范农药制造工业》(HJ 862—2017)	2017年9月29日
14	有色金属工业	《排污许可证申请与核发技术规范有色金属工业—铅锌冶炼》(HJ 863.1—2017)	2017年9月29日
15	有色金属工业	《排污许可证申请与核发技术规范有色金属工业—铝冶炼》(HJ 863.2—2017)	2017年9月29日
16	有色金属工业	《排污许可证申请与核发技术规范有色金属工业—铜冶炼》(HJ 863.3—2017)	2017年9月29日
17	化肥工业	《排污许可证申请与核发技术规范化肥工业—氮肥》(HJ 864.1—2017)	2017年9月29日
18	有色金属工业	《排污许可证申请与核发技术规范有色金属工业—汞冶炼》(HJ 931—2017)	2017年12月27日
19	有色金属工业	《排污许可证申请与核发技术规范有色金属工业有色金属工业—镁冶炼》(HJ 933—2017)	2017年12月27日
20	有色金属工业	《排污许可证申请与核发技术规范有色金属工业—镍冶炼》(HJ 934—2017)	2017年12月27日
21	有色金属工业	《排污许可证申请与核发技术规范有色金属工业—钛冶炼》(HJ 935—2017)	2017年12月27日
22	有色金属工业	《排污许可证申请与核发技术规范有色金属工业—锡冶炼》(HJ 936—2017)	2017年12月27日
23	有色金属工业	《排污许可证申请与核发技术规范有色金属工业—钴冶炼》(HJ 937—2017)	2017年12月27日
24	有色金属工业	《排污许可证申请与核发技术规范有色金属工业—锑冶炼》(HJ 938—2017)	2017年12月27日
25	农副食品加工工业	《排污许可证申请与核发技术规范农副食品加工工业—淀粉工业》(HJ 860.2—2018)	2018年6月30日
26	农副食品加工工业	《排污许可证申请与核发技术规范农副食品加工工业—屠宰及肉类加工工业》(HJ 860.3—2018)	2018年6月30日
27	有色金属工业	《排污许可证申请与核发技术规范有色金属工业—再生金属》(HJ 863.4—2018)	2018年8月17日
28	化肥工业	《排污许可证申请与核发技术规范磷肥、钾肥、复混钾肥、有机肥料及微生物肥料工业》(HJ 864.2—2018)	2018年9月23日
29	总则	《排污许可证申请与核发技术规范总则》(HJ 942—2018)	2018年2月8日
30	锅炉	《排污许可证申请与核发技术规范锅炉》(HJ 953—2018)	2018年7月31日
31	陶瓷砖瓦工业	《排污许可证申请与核发技术规范陶瓷砖瓦工业》(HJ 954—2018)	2018年7月31日

续表

序号	行业类别	排污许可技术规范名称	实施时间
32	电池工业	《排污许可证申请与核发技术规范电池工业》(HJ 967—2018)	2018年9月23日
33	汽车制造业	《排污许可证申请与核发技术规范汽车制造业》(HJ 971—2018)	2018年9月28日
34	水处理	《排污许可证申请与核发技术规范水处理(试行)》(HJ 978—2018)	2018年11月12日
35	家具制造工业	《排污许可证申请与核发技术规范家具制造工业》(HJ 1027—2019)	2019年5月31日
36	酒、饮料制造工业	《排污许可证申请与核发技术规范酒、饮料制造工业》(HJ 1028—2019)	2019年6月14日
37	畜禽养殖行业	《排污许可证申请与核发技术规范畜禽养殖行业》(HJ 1029—2019)	2019年6月14日
38	食品制造工业	《排污许可证申请与核发技术规范食品制造工业—乳制品制造工业》(HJ 1030.1—2019)	2019年6月19日
39		《排污许可证申请与核发技术规范食品制造工业—调味品、发酵制品制造工业》(HJ 1030.2—2019)	2019年6月19日
40		《排污许可证申请与核发技术规范食品制造工业—方便食品、食品及饲料添加剂制造工业》(HJ 1030.3—2019)	2019年8月13日
41	电子工业	《排污许可证申请与核发技术规范电子工业》(HJ 1031—2019)	2019年7月23日
42	人造板工业	《排污许可证申请与核发技术规范人造板工业》(HJ 1032—2019)	2019年7月24日
43	工业固体废物和危险废物治理	《排污许可证申请与核发技术规范工业固体废物和危险废物治理》(HJ 1033—2019)	2019年8月13日
44	废弃资源加工工业	《排污许可证申请与核发技术规范废弃资源加工工业》(HJ 1034—2019)	2019年8月13日
45	无机化学工业	《排污许可证申请与核发技术规范无机化学工业》(HJ 1035—2019)	2019年8月13日
46	聚氯乙烯工业	《排污许可证申请与核发技术规范聚氯乙烯工业》(HJ 1036—2019)	2019年8月13日
47	危险废物焚烧	《排污许可证申请与核发技术规范危险废物焚烧》(HJ 1038—2019)	2019年8月27日
48	生活垃圾焚烧	《排污许可证申请与核发技术规范生活垃圾焚烧》(HJ 1039—2019)	2019年10月24日
49	制药工业	《排污许可证申请与核发技术规范制药工业—生物药品制品制造》(HJ 1062—2019)	2019年12月10日
50		《排污许可证申请与核发技术规范制药工业—化学药品制剂制造》(HJ 1063—2019)	2019年12月10日
51		《排污许可证申请与核发技术规范制药工业—中成药生产》(HJ 1064—2019)	2019年12月10日
52	制革及毛皮加工工业	《排污许可证申请与核发技术规范制革及毛皮加工工业—毛皮加工工业》(HJ 1065—2019)	2019年12月10日

续表

序号	行业类别	排污许可技术规范名称	实施时间
53	印刷工业	《排污许可证申请与核发技术规范 印刷工业》(HJ 1066—2019)	2019年12月10日
54	煤炭加工	《排污许可证申请与核发技术规范 煤炭加工—合成气和液体燃料生产》(HJ 1101—2020)	2020年2月28日
55	化学纤维制造业	《排污许可证申请与核发技术规范 化学纤维制造业》(HJ 1102—2020)	2020年2月28日
56	专用化学产品制造工业	《排污许可证申请与核发技术规范 专用化学产品制造工业》(HJ 1103—2020)	2020年2月28日
57	日用化学产品制造工业	《排污许可证申请与核发技术规范 日用化学产品制造工业》(HJ 1104—2020)	2020年2月28日
58	医疗机构	《排污许可证申请与核发技术规范 医疗机构》(HJ 1105—2020)	2020年2月28日
59	环境卫生管理业	《排污许可证申请与核发技术规范 环境卫生管理业》(HJ 1106—2020)	2020年2月28日
60	码头	《排污许可证申请与核发技术规范 码头》(HJ 1107—2020)	2020年2月28日
61	羽毛(绒)加工工业	《排污许可证申请与核发技术规范 羽毛(绒)加工工业》(HJ 1108—2020)	2020年2月28日
62	农副食品加工工业	《排污许可证申请与核发技术规范 农副食品加工工业—水产品加工工业》(HJ 1109—2020)	2020年2月28日
63		《排污许可证申请与核发技术规范 农副食品加工工业—饲料加工、植物油加工工业》(HJ 1110—2020)	2020年2月28日
64	金属铸造工业	《排污许可证申请与核发技术规范 金属铸造工业》(HJ 1115—2020)	2020年3月4日
65	涂料、油墨、颜料及类似产品制造业	《排污许可证申请与核发技术规范 涂料、油墨、颜料及类似产品制造业》(HJ 1116—2020)	2020年3月4日
66	铁合金、电解锰工业	《排污许可证申请与核发技术规范 铁合金、电解锰工业》(HJ 1117—2020)	2020年3月4日
67	储油库、加油站	《排污许可证申请与核发技术规范 储油库、加油站》(HJ 1118—2020)	2020年3月4日
68	石墨及其他非金属矿物制品制造	《排污许可证申请与核发技术规范 石墨及其他非金属矿物制品制造》(HJ 1119—2020)	2020年3月4日
69	水处理(通用工序)	《排污许可证申请与核发技术规范 水处理通用工序》(HJ 1120—2020)	2020年3月11日
70	工业炉窑	《排污许可证申请与核发技术规范 工业炉窑》(HJ 1121—2020)	2020年3月27日
71	橡胶和塑料制品工业	《排污许可证申请与核发技术规范 橡胶和塑料制品工业》(HJ 1122—2020)	2020年3月27日
72	制鞋工业	《排污许可证申请与核发技术规范 制鞋工业》(HJ 1123—2020)	2020年3月27日
73	铁路、船舶、航空航天和其他运输设备制造业	《排污许可证申请与核发技术规范 铁路、船舶、航空航天和其他运输设备制造业》(HJ 1124—2020)	2020年3月27日
74	稀有稀土金属冶炼	《排污许可证申请与核发技术规范 稀有稀土金属冶炼》(HJ 1125—2020)	2020年4月1日

续表

序号	行业类别	排污许可技术规范名称	实施时间
75	工业固体废物	《排污许可证申请与核发技术规范工业固体废物(试行)》(HJ 1200—2021)	2022年1月1日

2.2 排污单位自行监测技术指南

目前已发布自行监测技术指南45个,涉及总则及43个行业及1个土壤地下水自行监测技术指南,具体见表1-2。自行监测方案的制定优先参照自行监测指南要求,若尚未发布行业指南则参照相应行业的排污许可证申请与核发技术规范及《排污单位自行监测技术指南总则》(HJ 819—2017)有关要求。

《排污单位自行监测技术指南总则》(HJ 819—2017)对自行监测的一般要求、监测方案的制定、监测质量保证与质量控制、信息记录和报告要求等作出明确规定。各行业指南系统梳理行业排放标准、相关管理制度及排污许可证申请与核发技术规范等对行业排放监管的要求,规定了相应行业企业自行监测的一般要求、监测方案制定、信息记录和报告的基本内容和要求,适用于排污单位在生产运行阶段对其排放的水、气污染物、噪声以及对其周边环境质量影响开展监测,同时对监测点位、监测指标、监测频次、信息记录提出要求。

表1-2 已发布排污单位自行监测技术指南一览表

序号	行业类别	自行监测技术指南名称	实施日期
1	总则	《排污单位自行监测技术指南总则》(HJ 819—2017)	2017年6月1日
2	火力发电及锅炉	《排污单位自行监测技术指南火力发电及锅炉》(HJ 820—2017)	2017年6月1日
3	造纸工业	《排污单位自行监测技术指南造纸工业》(HJ 821—2017)	2017年6月1日
4	水泥工业	《排污单位自行监测技术指南水泥工业》(HJ 848—2017)	2017年11月1日
5	钢铁工业及炼焦化学工业	《排污单位自行监测技术指南钢铁工业及炼焦化学工业》(HJ 878—2017)	2018年1月1日
6	石油炼制工业	《排污单位自行监测技术指南石油炼制工业》(HJ 880—2017)	2018年1月1日
7	化学合成类制药工业	《排污单位自行监测技术指南化学合成类制药工业》(HJ 883—2017)	2018年1月1日
8	发酵类制药工业	《排污单位自行监测技术指南发酵类制药工业》(HJ 882—2017)	2018年1月1日
9	提取类制药工业	《排污单位自行监测技术指南提取类制药工业》(HJ 881—2017)	2018年1月1日
10	纺织印染工业	《排污单位自行监测技术指南纺织印染工业》(HJ 879—2017)	2018年1月1日
11	化肥工业—氮肥	《排污单位自行监测技术指南化肥工业—氮肥》(HJ 948.1—2018)	2018年10月1日
12	石油化学工业	《排污单位自行监测技术指南石油化学工业》(HJ 947—2018)	2018年10月1日
13	制革及毛皮加工工业	《排污单位自行监测技术指南制革及毛皮加工工业》(HJ 946—2018)	2018年10月1日
14	电镀工业	《排污单位自行监测技术指南电镀工业》(HJ 985—2018)	2019年3月1日
15	农药制造工业	《排污单位自行监测技术指南农药制造工业》(HJ 987—2018)	2019年3月1日

续表

序号	行业类别	自行监测技术指南名称	实施日期
16	农副食品加工业	《排污单位自行监测技术指南农副食品加工业》(HJ 986—2018)	2019年3月1日
17	平板玻璃工业	《排污单位自行监测技术指南平板玻璃工业》(HJ 988—2018)	2019年3月1日
18	有色金属工业	《排污单位自行监测技术指南有色金属工业》(HJ 989—2018)	2019年3月1日
19	酒、饮料制造	《排污单位自行监测技术指南酒、饮料制造》(HJ 1085—2020)	2020年4月1日
20	磷肥、钾肥、复混肥料、有机肥料和微生物肥料	《排污单位自行监测技术指南磷肥、钾肥、复混肥料、有机肥料和微生物肥料》(HJ 1088—2020)	2020年4月1日
21	食品制造	《排污单位自行监测技术指南食品制造》(HJ 1084—2020)	2020年4月1日
22	水处理	《排污单位自行监测技术指南水处理》(HJ 1083—2020)	2020年4月1日
23	涂料油墨制造	《排污单位自行监测技术指南涂料油墨制造》(HJ 1087—2020)	2020年4月1日
24	涂装	《排污单位自行监测技术指南涂装》(HJ 1086—2020)	2020年4月1日
25	化学纤维制造业	《排污单位自行监测技术指南化学纤维制造业》(HJ 1139—2020)	2021年1月1日
26	无机化学工业	《排污单位自行监测技术指南无机化学工业》(HJ 1138—2020)	2021年1月1日
27	电池工业	《排污单位自行监测技术指南电池工业》(HJ 1204—2021)	2022年1月1日
28	固体废物焚烧	《排污单位自行监测技术指南固体废物焚烧》(HJ 1205—2021)	2022年1月1日
29	人造板工业	《排污单位自行监测技术指南人造板工业》(HJ 1206—2021)	2022年1月1日
30	橡胶和塑料制品	《排污单位自行监测技术指南橡胶和塑料制品》(HJ 1207—2021)	2022年1月1日
31	有色金属工业	《排污单位自行监测技术指南有色金属工业—再生金属》(HJ 1208—2021)	2022年1月1日
32	土壤和地下水	《工业企业土壤和地下水自行监测技术指南(试行)》(HJ 1209—2021)	2022年1月1日
33	稀有稀土金属冶炼	《排污单位自行监测技术指南稀有稀土金属冶炼》(HJ 1244—2022)	2022年7月1日
34	聚氯乙烯工业	《排污单位自行监测技术指南聚氯乙烯工业》(HJ 1245—2022)	2022年7月1日
35	印刷工业	《排污单位自行监测技术指南印刷工业》(HJ 1246—2022)	2022年7月1日
36	煤炭加工—合成气和液体燃料生产	《排污单位自行监测技术指南煤炭加工—合成气和液体燃料生产》(HJ 1247—2022)	2022年7月1日
37	陆上石油天然气开采工业	《排污单位自行监测技术指南陆上石油天然气开采工业》(HJ 1248—2022)	2022年7月1日
38	储油库、加油站	《排污单位自行监测技术指南储油库、加油站》(HJ 1249—2022)	2022年7月1日
39	工业固体废物和危险废物治理	《排污单位自行监测技术指南工业固体废物和危险废物治理》(HJ 1250—2022)	2022年7月1日
40	金属铸造工业	《排污单位自行监测技术指南金属铸造工业》(HJ 1251—2022)	2022年7月1日
41	畜禽养殖行业	《排污单位自行监测技术指南畜禽养殖行业》(HJ 1252—2022)	2022年7月1日
42	电子工业	《排污单位自行监测技术指南电子工业》(HJ 1253—2022)	2022年7月1日
43	砖瓦工业	《排污单位自行监测技术指南砖瓦工业》(HJ 1254—2022)	2022年7月1日

续表

序号	行业类别	自行监测技术指南名称	实施日期
44	陶瓷工业	《排污单位自行监测技术指南 陶瓷工业》(HJ 1255—2022)	2022年7月1日
45	中药、生物药品制品、化学药品制剂制造业	《排污单位自行监测技术指南 中药、生物药品制品、化学药品制剂制造业》(HJ 1256—2022)	2022年7月1日

2.3 污染防治可行技术指南

2017年相继发布了污染防治可行技术指南13个,涉及1个编制导则及12个行业技术指南,具体见表1-3,可行技术指南内容主要涵盖废气、废水、固体废物和噪声污染预防、治理技术、环境管理措施等,有利于排污许可技术规范体系形成,推动环境治理向精准治污、科学治污、有效治污迈进。

表1-3 已发布污染防治可行技术指南一览表

序号	行业类别	污染防治可行技术指南名称	实施日期
1	火电	《火电厂污染防治可行技术指南》(HJ 2301—2017)	2017年6月1日
2	导则	《污染防治可行技术指南编制导则》(HJ 2300—2018)	2018年3月1日
3	制浆造纸	《制浆造纸工业污染防治可行技术指南》(HJ 2302—2018)	2018年3月1日
4	陶瓷工业	《陶瓷工业污染防治可行技术指南》(HJ 2304—2018)	2019年3月1日
5	玻璃制造业	《玻璃制造业污染防治可行技术指南》(HJ 2305—2018)	2019年3月1日
6	制糖工业	《制糖工业污染防治可行技术指南》(HJ 2303—2018)	2019年3月1日
7	炼焦化学	《炼焦化学工业污染防治可行技术指南》(HJ 2306—2018)	2019年3月1日
8	印刷工业	《印刷工业污染防治可行技术指南》(HJ 1089—2020)	2020年1月8日
9	汽车工业	《汽车工业污染防治可行技术指南》(HJ 1181—2021)	2021年5月12日
10	锅炉	《工业锅炉污染防治可行技术指南》(HJ 1178—2021)	2021年5月12日
11	纺织工业	《纺织工业污染防治可行技术指南》(HJ 1177—2021)	2021年5月12日
12	家具制造	《家具制造工业污染防治可行技术指南》(HJ 1180—2021)	2021年5月12日
13	涂料油墨	《涂料油墨工业污染防治可行技术指南》(HJ 1179—2021)	2021年5月12日

第二章

电力行业

1 行业概况及管理类别

1.1 行业概况

根据《国民经济行业分类》(GB/T 4754—2017),电力生产(行业代码441)主要是指火力发电中燃煤发电(包含煤矸石发电)、燃气发电(不含沼气发电),生物质能发电(指主要利用农业、林业和工业废弃物甚至城市垃圾为原料,采取直接燃烧或气化等方式的发电活动)等。火力发电现有的排污许可体系中涉及三大类排污单位,分别为燃煤电厂、燃气电厂、生活垃圾焚烧发电厂。本章节主要介绍燃煤、燃气电厂。

根据中国电力企业联合会统计数据,截至2020年底,火电装机容量124 624万千瓦,同比增长4.76%,其中,煤电装机容量107 912万千瓦,同比增长3.7%,燃气机组装机容量9 972万千瓦,同比增长10.51%。火电装机占比从2016年的64.3%,进一步降至56.6%,煤电装机占火电总装机的比重由2019年的87.5%进一步降至86.7%。山东火电装机容量超过1亿千瓦,排名第一,江苏超过1亿万千瓦,内蒙古、广东、山西和浙江在6 000—10 000万千瓦之间,均是电力发电大省。

根据中国电力企业联合会统计数据,2020年全国电力烟尘排放量约为15.5万吨,同比下降约15.1%,烟尘平均排放绩效约为0.032克/千瓦时,同比下降0.006克/千瓦时;全国电力二氧化硫排放约78.0万吨,同比下降约12.7%,二氧化硫平均排放绩效约为0.160克/千瓦时,同比下降0.027克;全国电力氮氧化物排放约87.4万吨,同比下降6.3%,氮氧化物平均排放绩效约0.179克/千瓦时,比上年下降0.016克/千瓦时。

1.2 管理类别

1.2.1 不予核发排污许可证的情形

根据《排污许可管理办法(试行)》及环保部《关于固定污染源排污限期整改有关事项的通知》(环环评〔2020〕19号)中的规定,存在以下几种情形之一的排污单位,生态环境主管部门暂不予核发排污许可证。

1. 位于法律法规规定禁止建设区域内的。
2. 属于国务院经济综合宏观调控部门会同国务院有关部门发布的产业政策目录中

明令淘汰或者立即淘汰的落后生产工艺装备、落后产品的。

根据《产业结构调整指导目录(2019年本)》,不达标的单机容量30万千瓦级及以下的常规燃煤火电机组(综合利用机组除外)、以发电为主的燃油锅炉及发电机组属淘汰类落后生产工艺装备行列,不予核发排污许可证。

3. "不能达标排放"类,污染物排放不符合污染物排放标准要求;重点污染物排放不符合排污许可证申请与核发技术规范、环境影响报告书(表)批准文件、重点污染物排放总量控制要求;排污单位位于未达到国家环境质量标准的重点区域、流域,污染物排放不符合有关地方人民政府关于改善生态环境质量特别要求的。

4. "手续不全"类,未依法取得建设项目环境影响报告书(表)批准文件,未办理环境影响登记备案手续,但是已经按照有关规定获得经地方人民政府依法处理、整顿规范并符合要求的相关证明材料的,或者按照地方人民政府有关规定已经取得排污许可证的除外。

5. "其他"类,如未按照规定安装、使用自动监测设备并与生态环境主管部门监控设备联网,未按规定设置污染物排放口等。

1.2.2 管理类别的划分

1. 排污许可管理类别

根据《固定污染源排污许可分类管理名录(2019年版)》,电力行业排污许可管理类别详见表2-1。

表2-1 电力行业排污许可管理类别一览表

行业类别	管理类别		
	重点管理	简化管理	登记管理
电力生产 441	火力发电 4411,热电联产 4412,生物质能发电 4417(生活垃圾、污泥发电)	生物质能发电 4417(利用农林生物质、沼气发电、垃圾填埋气发电)	—

执行《火电厂大气污染物排放标准》(GB 13223—2011)的火力发电、热电联产、生物质能发电排污单位,依据《火电行业排污许可证申请与核发技术规范》即《关于开展火电、造纸行业和京津冀试点城市高架源排污许可证管理工作的通知》(环水体〔2016〕189号附件1)申报排污许可证,生活垃圾、污泥发电排污单位依据《排污许可证申请与核发技术规范生活垃圾焚烧》(HJ 1039—2019)申报排污许可证,其他电力生产的排污单位依据《排污许可证申请与核发技术规范总则》(HJ 942—2018)申报排污许可证。

2. 环评管理类别

根据《建设项目环境影响评价分类管理名录(2021年版)》电力行业环评类别详见表2-2。

表 2-2　电力行业环评管理类别一览表

项目类别	环评类别		
	报告书	报告表	登记表
火力发电 4411;热电联产 4412（4411 和 4412 均含掺烧生活垃圾发电、掺烧污泥发电）	火力发电和热电联产（发电机组节能改造的除外）;燃气发电除外;单纯利用余热、余压、余气（含煤矿瓦斯）发电的除外）	燃气发电;单纯利用余气（含煤矿瓦斯）发电	—
生物质能发电 4417	生活垃圾发电（掺烧生活垃圾发电的除外）;污泥发电（掺烧污泥发电的除外）	利用农林生物质、沼气、垃圾填埋气发电	—

2　主要标准及技术规范

1. 涉及的排污许可相关技术规范

燃煤、燃气电厂排污许可申报优先执行本行业技术规范有关要求,本行业规范中未涉及的工序可参照总则及其他行业排污许可技术规范。

①《火电行业排污许可证申请与核发技术规范》即《关于开展火电、造纸行业和京津冀试点城市高架源排污许可证管理工作的通知》（环水体〔2016〕189 号附件 1）

②《排污许可证申请与核发技术规范总则》（HJ 942—2018）

③《排污许可证申请与核发技术规范工业固体废物（试行）》（HJ 1200—2021）

2. 涉及的自行监测技术指南

燃煤、燃气电厂自行监测工作开展优先执行本行业技术指南有关要求,本行业指南中未涉及的工序可参照总则及其他行业自行监测技术指南。

①《排污单位自行监测技术指南火力发电及锅炉》（HJ 820—2017）

②《排污单位自行监测技术指南总则》（HJ 819—2017）

3. 涉及的污染防治可行技术指南

《火电厂污染防治可行技术指南》（HJ 2301—2017）明确了火电厂污染防治可行技术及最佳可行技术,适用于《火电厂大气污染物排放标准》（GB 13223—2011）中规定的火电企业,其中烟气污染防治技术以 100 MW 及以上的燃煤电厂烟气治理为重点。

4. 涉及的排放标准

燃煤、燃气电厂涉及的排放标准如下：

①《火电厂大气污染物排放标准》（GB 13223—2011）

②《恶臭污染物排放标准》（GB 14554—93）

③《大气污染物综合排放标准》（GB 16297—1996）

④《挥发性有机物无组织排放控制标准》（GB 37822—2019）

⑤《污水综合排放标准》（GB 8978—1996）

⑥《污水排入城镇下水道水质标准》（GB/T 31962—2015）

⑦其他相关地方标准

地方有更严格要求的,按地方标准执行。

3 燃煤电厂

3.1 主要产排污环节

燃煤电厂主要原料是煤和水,产品是电能。燃煤由火车或码头经专用线运进电厂贮煤场存放,燃煤经输煤系统进入制粉系统,制成的煤粉送入锅炉燃烧,将锅炉内处理过的给水加热成高温、高压蒸汽,蒸汽在汽轮机中做功,带动发电机发电,电能由线路送给用户。汽轮机排汽进入凝汽器凝结成水,送往锅炉循环使用。

煤粉在锅炉中燃烧所产生的飞灰随烟气进入电除尘器,绝大部分飞灰被除尘器捕集下来。烟气经脱硫后去除大量的二氧化硫,剩余少量飞灰及二氧化硫等气态污染物随烟气经引风机由高烟囱排入大气。

锅炉内燃烧生成的渣以及电除尘器捕集下来的灰,分别进入除渣系统和干式除灰系统。除尘器捕集下的干灰送入灰库后,可直接用汽车运往综合利用企业。电厂在生产过程中需要大量的水,主要有:冷却塔二次循环冷却水系统补给水、工业用水、锅炉补给水、除渣系统用水、输煤系统用水、生活用水等。厂区排水实行雨污分流,清污分流,生产、生活、雨排水分别进入相对应的管网系统。

常见的燃煤电厂典型生产工艺流程为:原煤运至电厂后破碎、输进锅炉炉膛,水在锅炉内被加热成高温高压蒸汽,推动汽轮机运转,汽轮机带动发电机发电。燃煤电厂的主要生产系统分为燃料贮运系统、燃烧及制粉系统、汽轮发电系统、化学水处理系统、冷却系统、脱硫系统、脱硝系统、除灰渣系统及公用系统(给排水、电气、暖通等)。燃煤电厂典型生产工艺流程见图 2-1。

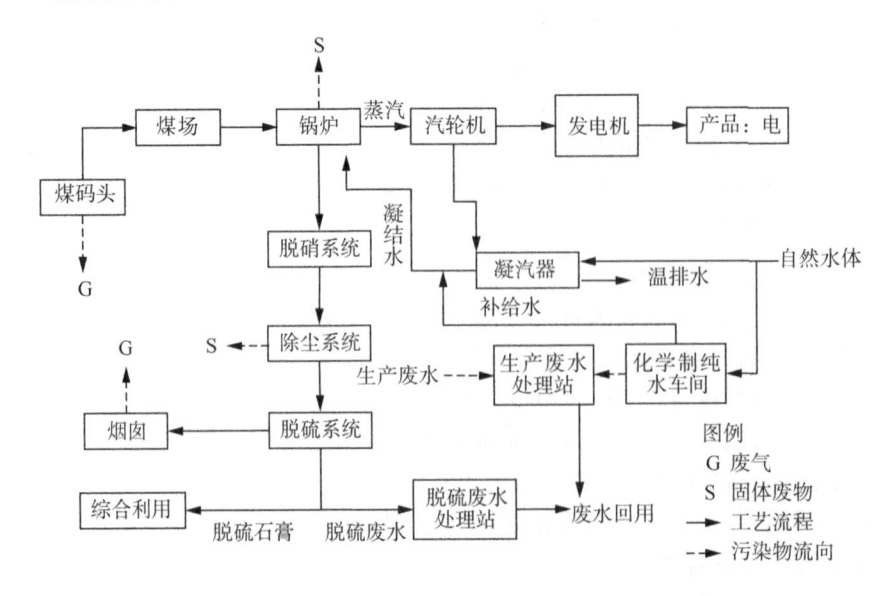

图 2-1 燃煤电厂典型工艺流程图

具体工艺流程介绍如下：

1. 燃料存贮及输送

首先由皮带输送机从煤场或码头送至碎煤机，此过程要通过电磁铁去除原煤中的铁，初步破碎的煤料通过磨煤机进行研磨。

2. 燃料燃烧

通过空气预热器将热空气和煤粉吹进粗细分离器，经过粗细分离器分离的合格煤粉再经过给粉机将煤粉吹进锅炉进行燃烧。

3. 脱硫脱硝除尘系统

煤粉在锅炉中燃烧会产生大量的二氧化硫、氮氧化物、颗粒物，一般先进行脱硝去除氮氧化物，飞灰随烟气进入电除尘器，绝大部分飞灰被除尘器捕集下来。烟气经脱硫塔后去除大量的二氧化硫，剩余少量飞灰及二氧化硫、氮氧化物等气态污染物随烟气经引风机由高烟囱排入大气。

4. 汽水系统

火力发电厂的汽水系统是由锅炉、汽轮机、凝汽器、高低压加热器、凝结水泵和给水泵组成，主要包括汽水循环、化学水处理和冷却系统等。水在锅炉中被加热成蒸汽，经过加热器进一步加热后变成过热蒸汽，再经过蒸汽管道进入汽轮机，蒸汽不断膨胀，高速流动的蒸汽推动汽轮机的叶片转动从而带动发电机。为了进一步提高热效率，有些机组可以从汽轮机中抽出做过部分功的蒸汽来供热，无法抽气的发电机组被称为纯凝机组，能够抽出蒸汽的发电机组被称为抽凝机组。

5. 发电系统

发电系统是由励磁机、励磁盘、主励磁机（备用励磁机）、发电机、变压器、高压断路器、升压站、配电装置等组成。发电是由副励磁机（永磁机）发出高频电流，副励磁机发出的电流经过励磁盘整流，再送到主励磁机，主励磁机发出电后经过调压器以及灭磁开关经过碳刷送到发电机转子，发电机转子通过旋转其定子线圈感应出电流。

具体产排污环节见表2-3。

表2-3 燃煤电厂产排污环节一览表

序号	生产过程	污染环节	污染因素	污染物
1	燃料存贮及输送	输煤系统	粉尘	颗粒物
		输煤系统冲洗	输煤废水	pH、悬浮物等
2	燃料燃烧	燃煤破碎	粉尘	颗粒物
		锅炉燃烧	烟气	二氧化硫、氮氧化物、烟尘（颗粒物）、汞及其化合物等
			固体废物	灰渣
		锅炉酸洗	清洗废水	pH、悬浮物等
3	汽轮发电	主厂房冲洗	冲洗废水	悬浮物、石油类等
		冷却过程	排污水	余氯
4	燃油存贮及装卸	油罐排水	含油污水	石油类

续表

序号	生产过程	污染环节	污染因素	污染物
5	化学水处理	化学水处理排水	废水	pH、化学需氧量、悬浮物、溶解性总固体（全盐量）
			固体废物	污泥
6	脱硫	脱硫系统排水	脱硫废水	pH、悬浮物、溶解性盐、总砷、总铅、总汞、总镉
			固体废物	脱硫副产物
7	脱硝	脱硝设备	烟气	氨
			固体废物	废催化剂
8	除灰渣及贮灰	贮灰场	扬尘	颗粒物
			灰渣淋溶水	pH、悬浮物、氟离子、砷等
9	公用系统	生活排水	生活污水	化学需氧量、五日生化需氧量、氨氮、总氮、总磷等

3.2 行业污染排放情况

1. 大气污染物

燃煤电厂大气污染物排放情况见表2-4，废气排放口分为主要排放口和一般排放口，燃煤锅炉烟囱为主要排放口，其余有组织废气排放口均为一般排放口。

表2-4 燃煤电厂产排污环节、大气污染物种类、排口类型及执行标准一览表

主要生产单元	产排污环节	排放形式	污染物因子	排口类型	执行标准
锅炉发电生产单元	燃煤锅炉	有组织	烟尘（颗粒物）	主要排放口	《火电厂大气污染物排放标准》(GB 13223—2011)
			二氧化硫		
			氮氧化物		
			汞及其化合物		
			林格曼黑度		
装卸、储运、制备单元	卸船机、翻车机、缝式煤槽装卸	无组织	颗粒物	—	《大气污染物综合排放标准》(GB 16297—1996)
	煤场、其他燃料场贮存	无组织	颗粒物	—	
	转运站	有组织	颗粒物	一般排放口	
	输送皮带	无组织	颗粒物	—	
	破碎、筛分、备料	有组织	颗粒物	一般排放口	
	储存、装卸系统	有组织	颗粒物	一般排放口	
	灰场	无组织	颗粒物	—	
	液氨罐、氨水罐	无组织	氨	—	《恶臭污染物排放标准》(GB 14554—93)

2. 水污染物

燃煤电厂水污染物排放情况见表2-5。废水排放口分为废水总排放口、车间或车间处理设施废水排放口。执行行业水污染物排放标准的火电排污单位，其废水排放口设置按照所属行业的排污许可证申请与核发技术规范规定；执行《污水综合排放标准》(GB 8978—1996)的火电排污单位废水排放口均为一般排放口。

表 2-5　燃煤电厂废水排放去向、水污染物种类、排口类型及执行标准一览表

废水类别	污染物因子	排口名称	排放去向	排口类型	执行标准
厂内集中处理工业废水	pH、悬浮物、化学需氧量、石油类、氨氮、氟化物、挥发酚	废水总排口	接城镇污水处理厂	一般排放口	《污水综合排放标准》(GB 8978—1996)、《污水排入城镇下水道水质标准》(GB/T 31962—2015)
含油废水	pH、石油类				
煤泥废水	pH、悬浮物				
脱硫废水	总砷、总铅、总汞、总镉	车间或生产设施排放口	厂内综合废水处理设施	一般排放口	《污水综合排放标准》(GB 8978—1996)
生活污水	pH、悬浮物、化学需氧量、五日生化需氧量、氨氮、总磷	单独外排口	接城镇污水处理厂	一般排放口	《污水综合排放标准》(GB 8978—1996)、《污水排入城镇下水道水质标准》(GB/T 31962—2015)
直流冷却水	温度、总余氯	单独外排口	外环境水体	一般排放口	—
循环冷却水排水	pH、化学需氧量、总磷	单独外排口	外环境水体	一般排放口	《污水综合排放标准》(GB 8978—1996)

3. 固体废弃物

燃煤电厂一般固体废弃物和危险废物的种类和来源见表 2-6。

表 2-6　燃煤电厂一般固体废弃物及危险废物的种类和来源

类别	来源	种类
一般工业固体废物	生产车间	粉煤灰(飞灰、炉渣)、脱硫副产物、污泥(排污单位废水水处理环节)
危险废物	生产车间、废水/废气处理设施	烟气脱硝废钒钛系催化剂、废矿物油、废离子交换树脂等

3.3　自行监测

火电排污单位在生产运行时排放的废水、废气及噪声主要参照《排污单位自行监测技术指南 火力发电及锅炉》(HJ 820—2017)、排污许可证、环评文件及批复等要求确定的监测内容。监测方案内容包括：单位基本情况、监测点位及示意图、监测指标、执行标准及其限值、监测频次、采样和样品保存方法、监测分析方法和仪器、质量保证与质量控制等。

新建排污单位应当在投入生产或使用并产生实际排污行为之前完成自行监测方案的编制及相关准备工作。

排污单位依据《排污单位自行监测技术指南 火力发电及锅炉》(HJ 820—2017)确定监测点位、污染物指标、监测频次等。净烟气与原烟气混合排放的,应在锅炉或燃气轮机(内燃机)排气筒,或烟气汇合后的混合烟道上设置监测点位;净烟气直接排放的,应在净烟气烟道上设置监测点位,有旁路的旁路烟道也应设置监测点位。

型煤、水煤浆、煤矸石锅炉参照燃煤锅炉;油页岩、石油焦、生物质锅炉或燃气轮机组参照以油为燃料的锅炉或燃气轮机组。多种燃料掺烧的锅炉或燃气轮机应执行最严格的监测频次。排气筒废气监测应同步监测烟气参数。除脱硫废水外,废水与其他工业废

水混合排放的,参照相关工业行业监测要求执行;脱硫废水不外排的,监测频次可按季度执行。燃煤电厂自行监测相关内容见表2-7。

3.4 总量核算

总量核算包括许可排放量的计算和实际排放量的计算。对于许可排放量,按照国家或地方污染物排放标准等法律法规和管理制度要求,按照从严原则确定许可排放浓度,依据总量控制指标及《火电行业排污许可证申请与核发技术规范》(环水体〔2016〕189号附件1)规定的方法从严确定许可排放量。2015年1月1日(含)后取得环境影响评价批复的火电排污单位,许可排放量还应同时满足环境影响评价文件和批复的要求。

总的实际排放量主要包括正常排放和非正常排放实际排放量之和,应核算废气、废水主要排放口污染物实际排放量。对于排污许可证中载明应当采用自动监测的排放口和污染物,根据符合监测规范的有效自动监测数据采用实测法核算实际排放量。对于排污许可证未要求采用自动监测的排放口或污染物,按照优先顺序依次选取自动监测数据、执法和手工监测数据、产排污系数法(或物料衡算法)进行核算。监测数据应符合国家环境监测相关标准技术规范要求。

3.4.1 大气污染物

1. 许可排放量计算方法

许可排放量包括年许可排放量和特殊时段许可排放量,其中特殊时段许可排放量为日许可排放量。

(1) 年许可排放量

燃煤电厂废气有组织排放口分为主要排放口和一般排放口,主要排放口为锅炉烟囱,其余有组织废气排放口均为一般排放口。有组织主要排放口逐一计算烟尘(颗粒物)、二氧化硫和氮氧化物许可排放量,排污单位许可排放量为各主要排放口许可排放量之和。有组织一般排放口和无组织排放不设置许可排放量要求。

发电锅炉二氧化硫、氮氧化物、烟尘(颗粒物)的许可排放量根据机组装机容量和年利用小时数,采用排放绩效法测算。国务院生态环境主管部门发布火电排污单位废气许可排放量核定方法后,从其规定。排放绩效根据《火电厂大气污染物排放标准》(GB 13223—2011)限值进行确定,详见表2-8、表2-9、表2-10。有地方排放标准的,按照地方排放标准对应的限值折算排放绩效值。执行特别排放限值的,按照重点地区对应的排放绩效测算。新建锅炉为2012年1月1日之后环境影响评价文件通过审批的新建、扩建和改建的火力发电锅炉;现有锅炉为2012年1月1日之前建成投产或环境影响评价文件已通过审批的火力发电锅炉。原则上,年利用小时数按照5 000 h取值;自备发电机组和严格落实环境影响评价审批热负荷的热电联产机组按5 500 h取值;若企业可提供监测数据等材料证明自备发电机组和热电联产机组前三年平均利用小时数大于5 500 h的,可按照前三年平均数取值;对于不并网的自备热电机组,可以根据供热的主体设施利用小时数取值。具备有效自动监测数据的,企业也可依据前一自然年实际排放量,申请年许可排放量,其中排放浓度超标及监测数据缺失时段的排放量不得计算在内。存在锅炉和机组数量不对应情况的企业,对于纯发电机组,按发电机数量逐台机组计算许可排放量;

表 2-7 燃煤电厂自行监测相关内容一览表

排放类型	燃料类型	锅炉或燃气轮机规模	监测点位	监测指标	最低监测频次（废水分直接和间接排放） 直接排放	间接排放
有组织	燃煤	14 MW 或 20 t/h 及以上	—	颗粒物、二氧化硫、氮氧化物	自动监测	
		14 MW 或 20 t/h 以下	—	汞及其化合物1、氨2、林格曼黑度	季度	
	煤、煤矸石	—	厂界	颗粒物、二氧化硫、氮氧化物、汞及其化合物、林格曼黑度	月	
无组织	所有燃料	—	氨罐区周边	颗粒物3	季度	
				氨	季度	
废水	燃煤	涉单台 14 MW 或 20 t/h 及以上锅炉或燃气轮机的排污单位	企业废水总排放口	pH、化学需氧量、氨氮、悬浮物、总磷、总氮、化合物、挥发酚、溶解性总固体（全盐量）、石油类5、氟化物、硫化物、流量	月	
	所有	—	脱硫废水排放口	pH、总砷、总铅、总汞、总镉、流量	季度	
	所有	—	循环冷却水排放口	pH、化学需氧量、总磷、总氮、流量	季度	
			直流冷却水排放口	水温、流量	日	
	燃煤	仅涉单台 14 MW 或 20 t/h 以下锅炉的排污单位	企业废水总排放口	总余氯	冬、夏各监测一次	
			厂界	pH、化学需氧量、氨氮、悬浮物、流量	年	
噪声	—	—	—	LeqA	季度	
周边环境质量	—	—	—	环境影响评价文件及其批复及其他环境管理政策有明确要求的，按要求执行。		

注：1. 煤种改变时，需对汞及其化合物增加监测频次。
2. 使用液氨等含氮物质作为还原剂，去除烟气中氨氧化物的，可以选测。
3. 未封闭堆场增加监测频次。周边无敏感点的，可适当降低监测频次。
4. 适用于使用液氨或氨水作为还原剂的企业。
5. 生活污水若不排入总排口，可不测总磷。

对于热电机组,根据发电机额定功率比例分别计算各自的供热能力,再按照发电机数量逐台机组计算许可排放量。年许可排放量计算公式见式(2-1)、(2-2):

$$E_{年许可} = \sum_{i=1}^{n} M_i \tag{2-1}$$

式中:
$E_{年许可}$为年许可排放量,t;
M_i为第i台机组大气污染物年许可排放量,t。

$$M_i = (CAP_i \times 5\,000 + D_i/1\,000) \times GSP_i \times 10^{-3} \tag{2-2}$$

式中:
CAP_i为第i台机组的装机容量,MW;
GPS_i为第i台机组的排放绩效,g/kWh,取值可参考表2-8、表2-9、表2-10;
D_i为第i台机组供热量折算的等效发电量,kWh,热电联产机组的供热部分折算成发电量,用等效发电量表示,计算公式见公式(2-3):

$$D_i = (H_i \times 0.278 \times 0.3) \tag{2-3}$$

式中:
D_i为第i台机组供热量折算的等效发电量,kWh;
H_i为第i台机组的设计供热能力,MJ/a。

表2-8 燃煤机组二氧化硫排放绩效值选取表

燃料	地区	适用条件	绩效值(g/kWh) ≥750 MW	绩效值(g/kWh) <750 MW
煤	高硫煤地区	新建锅炉	0.7	0.8
煤	高硫煤地区	现有锅炉	1.4	1.6
煤	重点地区	全部	0.175	0.2
煤	其他地区	新建锅炉	0.35	0.4
煤	其他地区	现有锅炉	0.7	0.8

注:1. 位于广西壮族自治区、重庆市、四川省和贵州省的火力发电锅炉,按照高硫煤地区对应的排放绩效测算。

表2-9 燃煤机组氮氧化物排放绩效值

燃料	地区	适用条件	锅炉/机组类型	绩效值(g/kWh) ≥750 MW	绩效值(g/kWh) <750 MW
煤	重点地区	全部	全部	0.35	0.4
煤	其他地区	全部	W型火焰锅炉、现有循环流化床锅炉	0.7	0.8
煤	其他地区	全部	其他锅炉	0.35	0.4

注:1. 2003年12月31日之前建成投产或通过建设项目环境影响评价报告书审批的火力发电锅炉,按照W型火焰锅炉、现有循环流化床锅炉对应的排放绩效测算;采用煤矸石、生物质、油页岩、石油焦等燃料的发电锅炉,可以参照循环流化床锅炉绩效值测算。

表 2-10　燃煤机组烟尘(颗粒物)排放绩效值

燃料	地区	绩效值(g/kWh)	
		≥750 MW	<750 MW
煤	重点地区	0.07	0.08
	其他地区	0.105	0.12

(2) 特殊时段许可排放量

按日均许可排放量进行核算。特殊时段日许可排放量按公式(2-4)进行计算。地方制定的相关法规中对特殊时段许可排放量有明确规定的从其规定。国家和地方生态环境主管部门依法规定的其他特殊时段短期许可排放量应当在排污许可证中明确。

$$E_{日许可} = E_{日均排放量} \times (1-\alpha) \quad (2-4)$$

式中：

$E_{日许可}$ 为排污单位重污染天气应对期间或冬防阶段(现阶段主要指错峰生产)日许可排放量，t/d；

$E_{日均排放量}$ 为排污单位废气污染物日均排放量基数，t/d；对于现有排污单位，优先用前一年环境统计实际排放量和相应设施运行天数折算的日均值；若无前一年环境统计数据，则用实际排放量和相应设施运行天数折算的日均值；对于新建排污单位，则用许可排放量和相应设施运行天数折算的日均值；

α 为重污染天气应对期间或冬防阶段(现阶段主要指错峰生产)排放量削减比例，%。

2. 实际排放量核算方法

废气在核算时段内正常情况下的主要排放口实际排放量首先采用实测法核算，分为自动监测实测法和手工监测实测法。对于排污许可证中规定应当采用自动监测的排放口和污染物，根据符合监测规范的有效自动监测数据采用实测法核算实际排放量。对于排污许可证中规定要求采用自动监测的排放口或污染物而未采用的，采用物料衡算法核算二氧化硫排放量，核算时根据原辅燃料消耗量、含硫率，按直接排放进行核算；采用产排污系数法核算烟尘(颗粒物)、氮氧化物排放量，根据单位产品污染物的产生量，按直接排放进行核算。

对于排污许可证未要求采用自动监测的排放口或污染物，按照优先顺序依次选取自动监测数据、执法和手工监测数据、产排污系数法(或物料衡算法)进行核算。监测数据应符合国家环境监测相关标准技术规范要求。

(1) 自动监测实测法

实测法是通过实际测量废气排放量及所含污染物的质量浓度计算该污染物的排放量，凡安装污染物自动监测系统并与环境保护部门联网的火电厂，应使用有效的自动监测数据按式(2-5)核算：

$$D = \sum_{i=1}^{St}(c_i \times q_i \times 10^{-9}) \quad (2-5)$$

式中：

D 为核算时段内某污染物排放量，t，核算时段可为年、季、月、日、小时等；

S_t 为核算时段内运行小时数,h;

C_i 为第 i 小时标态干烟气污染物的小时排放质量浓度,mg/m³;

q_i 为第 i 小时标态干烟气排放量,m³/h。

对于因自动监控设施发生故障以及其他情况导致数据缺失的按照 HJ75—2017 进行补遗。二氧化硫、氮氧化物、烟尘(颗粒物)自动监测数据季度有效捕集率不到 75% 的,自动监测数据不能作为核算实际排放量的依据,实际排放量按照"要求采用自动监测的排放口或污染物项目而未采用"的相关规定进行核算,其他污染物自动监测数据缺失情形可参照核算,国务院生态环境主管部门另有规定的从其规定。

(2) 手工监测实测法

污染物自动监测系统未监测的污染物,采用执法监测、自行监测等手工监测数据按式(2-6)进行核算。除执法监测外,其他手工监测时段的生产负荷应不低于本次监测与上一次监测周期内的平均生产负荷,并给出生产负荷对比结果。

$$D = \frac{\sum_{i=1}^{n}(c_i \times q_i)}{n} \times S_t \times 10^{-9} \qquad (2\text{-}6)$$

式中:

D 为核算时段内某污染物排放量,t;

C_i 为第 i 次监测标态干烟气污染物的小时排放质量浓度,mg/m³;

q_i 为第 i 次监测标态干烟气排放量,m³/h;

n 为核算时段内有效监测数据数量,量纲一;

S_t 为核算时段内运行小时数,h。

(3) 产排污系数法

排污系数法是根据现有同类污染源调查获取的反映典型工况和污染治理条件下行业污染物排放规律的排污系数来估算污染物的排放量,可按式(2-7)计算:

$$G = B_g \times \beta_e \qquad (2\text{-}7)$$

式中:

G 为核算时段内污染物的排放量,t;

B_g 为核算时段内燃料消耗量,t;

β_e 为排污系数。

排污系数参见《全国污染源普查工业污染源产排污系数手册》及国家相关文件,实际运用时需注意污染防治设施与排污系数对应情景的一致性。

(4) 非正常情况

火电排污单位在启动、停机等非正常排放期间应保持自动监测设备同步运行,记录非正常情况下监测数据,根据自动监测数据按公式(2-5)核算该时段的各类污染物的实际排放量并计入年实际排放量中。未按要求安装自动监测设备或自动监测设备未保持同步运行的,二氧化硫、烟尘(颗粒物)和氮氧化物采用产排污系数法按照直接排放核算,核算方法见公式(2-7)。

3. 废气污染物许可排放量核算案例

某燃煤电厂位于大气重点控制区域,一期工程建设 2 台 600 MW 超临界燃煤发电机组,不供热。1♯、2♯机组分别于 2009 年 6 月和 12 月建成投产,分别配有脱硝、除尘及脱硫污染治理设施,废气经治理后,分别经 240 米高的烟囱排入大气,1♯机组对应 1♯排口,2♯机组对应 2♯排口。2015 年 3 月对脱硫、脱硝、除尘系统进行超低排放改造。

(1) 大气污染物年许可排放量的计算

① 废气主要排放口的确定

根据《火电行业排污许可证申请与核发技术规范》(环水体〔2016〕189 号附件 1)涉及燃煤锅炉排放口为主要排放口,需计算许可排放量,其他废气排口为一般排放口,不需要计算许可排放量。

② 参数的确定

Ⅰ. 不同机组的装机容量

根据环评及实际建设情况,1♯、2♯机组装机容量 $CAP_{1♯机组}$、$CAP_{2♯机组}$ 皆为 600 MW。

Ⅱ. 不同机组的排放绩效

因该企业位于大气重点控制区域,1♯、2♯机组排放绩效 $GPS_{1♯机组}$、$GPS_{2♯机组}$ 依据重点区域取值:二氧化硫取 0.2 g/kWh;氮氧化物取 0.4 g/kWh;颗粒物取 0.08 g/kWh。

③ 计算过程

全厂二氧化硫许可排放量 $E_{二氧化硫年许可}$:$600 \times 5\,000 \times 0.2 \times 10^{-3} \times 2 = 1\,200$ t

全厂氮氧化物许可排放量 $E_{氮氧化物年许可}$:$600 \times 5\,000 \times 0.4 \times 10^{-3} \times 2 = 2\,400$ t

全厂颗粒物许可排放量 $E_{颗粒物年许可}$:$600 \times 5\,000 \times 0.08 \times 10^{-3} \times 2 = 480$ t

④ 与环评批复进行比较

2015 年 1 月 1 日(含)后取得环境影响评价批复的火电排污单位,许可排放限值还应同时满足环境影响评价文件和批复的要求。因此将环评批复量、按照核发技术规范的核算量进行比较取严作为企业大气污染物的许可排量,具体见表 2-11。

表 2-11 大气主要污染物总量情况

污染物	环评批复总量(t/a)	规范计算量(t/a)	许可排放量(t/a)
二氧化硫	716	1 200	716
氮氧化物	1 006	2 400	1 006
颗粒物	104	480	104

上表可见,企业最终核定的二氧化硫许可排放量为 716 t/a,氮氧化物许可排放量为 1 006 t/a,颗粒物许可排放量为 104 t/a。

(2) 特殊时段许可排放量的计算

① 参数的确定

Ⅰ. 废气污染物日均排放量基数,t/d。

根据该企业 2021 年环境统计实际排放量和相应设施运行天数,折算的日均值 $E_{日均排放量}$。2021 年二氧化硫实际排放量为 295.65 t,氮氧化物实际排放量为 587.65 t,颗粒物实际排放量为32.85 t,实际运行天数为335天。二氧化硫日均排放量约为0.88 t/d;氮氧化物日均排放量约为1.75 t/d;颗粒物日均排放量约为0.1 t/d。

Ⅱ.重污染天气应对期间或冬防阶段(现阶段主要指错峰生产)排放量削减比例,%。

根据企业所在市生态环境局2021年秋冬大气污染特别管控要求,火电行业主要大气污染物排放量削减比例α为30%。

② 计算过程

$E_{二氧化硫日许可}$:$0.88 \times (1-30\%) \approx 0.62$ t/d;

$E_{氮氧化物日许可}$:$1.75 \times (1-30\%) \approx 1.23$ t/d;

$E_{颗粒物日许可}$:$0.1 \times (1-30\%) \approx 0.07$ t/d。

(3) 大气污染物实际排放量的计算

该企业主要排放口1#排口、2#排口均已安装自动监测设备,企业采用在线监测数据进行实际排放量的核算。通过在线平台查询该企业2021年每小时平均浓度和每小时烟气量数据,计算可得实际排放量。1#机组年运行时间6 785小时,2#机组年运行时间6 101小时。

$D_{1\#二氧化硫} = 11.58 \times 1\,293\,602.75 + 13.44 \times 1\,312\,445.11 + \cdots + 8.46 \times 1\,313\,890.75 \approx 157.57$ t/a

$D_{1\#氮氧化物} = 26.59 \times 1\,293\,602.75 + 24.61 \times 1\,312\,445.11 + \cdots + 19.7 \times 1\,313\,890.75 \approx 283.46$ t/a

$D_{1\#颗粒物} = 0.72 \times 1\,293\,602.75 + 0.92 \times 1\,312\,445.11 + \cdots + 0.74 \times 1\,313\,890.75 \approx 17.96$ t/a

$D_{2\#二氧化硫} = 12.52 \times 1\,172\,399.38 + 12.77 \times 1\,099\,876.78 + \cdots + 14.52 \times 1\,156\,447.75 \approx 148.14$ t/a

$D_{2\#氮氧化物} = 22.54 \times 1\,172\,399.38 + 24.11 \times 1\,099\,876.78 + \cdots + 25.23 \times 1\,156\,447.75 \approx 248.51$ t/a

$D_{2\#颗粒物} = 12.52 \times 1\,172\,399.38 + 13.01 \times 1\,099\,876.78 + \cdots + 14.52 \times 1\,156\,447.75 \approx 15.17$ t/a

$D_{总二氧化硫} = 157.57 + 148.14 = 305.71$ t/a

$D_{总氮氧化物} = 283.46 + 248.51 = 531.97$ t/a

$D_{总颗粒物} = 17.96 + 15.17 = 33.13$ t/a

该企业主要大气污染物许可排放量和实际排放量对比见表2-12。

表2-12 大气主要污染物许可排放量与实际排放量一览表

污染物	许可排放量(t/a)	实际排放量(t/a)	实际排放量占许可排放量之比
二氧化硫	716	305.71	42.7%
氮氧化物	1 006	531.97	52.9%
颗粒物	104	33.13	31.9%

由此可见,该企业实际排放量满足许可排放量要求。

3.4.2 水污染物

1. 许可排放量计算方法

废水排放口分为废水总排放口、车间或车间处理设施废水排放口。执行行业水污染物排放标准的火电排污单位,其废水排放口设置按照所属行业的排污许可证申请与核发技术规范规定;执行《污水综合排放标准》(GB 8978—1996)的火电排污单位废水排放口均为一般排放口,不设置许可排放量要求。

2. 实际排放量核算方法

火电排污单位废水污染物在核算时段内实际排放量核算方法包括实测法和产排污系数法。

(1) 自动监测实测法

实测法是通过实际测量废水排放量及所含污染物的质量浓度计算污染物排放量,凡安装污染物自动监测系统并与环境保护部门联网的火电厂,应优先使用有效的自动监测数据按式(2-8)核算:

$$P = \sum_{i=1}^{S_t}(C_i \times Q_i) \times 10^{-6} \quad (2-8)$$

式中:

P 为核算时段内污染物排放量,t;

S_t 为核算时段内污染物排放时间,d;

Q_i 为第 i 日废水排放量,m³/d;

C_i 为第 i 日污染物的日均排放质量浓度,mg/L。

(2) 手工监测实测法

污染物自动监测系统未设置或数据无效时,可采用执法监测、自行监测等手工监测数据按式(2-9)进行核算。除执法监测外,其他手工监测时段的生产负荷应不低于本次监测与上一次监测周期内的平均生产负荷,并给出生产负荷对比结果。

$$P = \frac{\sum_{i=1}^{n}(C_i \times Q_i)}{n} \times S_t \times 10^{-6} \quad (2-9)$$

式中:

P 为核算时段内污染物排放量,t;

C_i 为第 i 次监测的污染物日均排放质量浓度,mg/L;

Q_i 为第 i 次监测的日废水排放量,m³/d;

n 为核算时段内有效监测数据数量,量纲一;

S_t 为核算时段内污染物排放时间,d。

(3) 排污系数法

排污系数法是根据现有同类污染源调查获取的反映典型工况和污染治理条件下行业污染物排放规律的排污系数来估算污染物的排放量,可按式(2-10)计算:

$$G = B_g \times \beta_e \quad (2-10)$$

式中:

G 为核算时段内污染物的排放量,t;

B_g 为核算时段内燃料消耗量,t;

β_e 为排污系数。

排污系数参见《全国污染源普查工业污染源产排污系数手册》及国家相关文件,实际运用时需注意污染防治设施与排污系数对应情景的一致性。

(4) 非正常情况

废水处理设施非正常情况下的排水,如无法满足排放标准要求时,不应直接排入外环境,待废水处理设施恢复正常运行,并处理达标后方可排放。如因特殊原因造成污染防治设施非正常运行超标排放污染物的或其他情况外排的,采用排污系数法按照直接排放核算非正常情况期间的实际排放量,计算公式同(2-10),式中核算时段为非正常情况时段。

3. 废水污染物排放量核算案例

由于燃煤电厂废水排口均为一般排放口,不许可排放量,此外,部分燃煤电厂废水零排放,因此企业根据需要进行实际排放量的计算。

某公司设有1个废水总排口,废水总排口接管至某污水处理厂排放。污水设施治理工艺为:絮凝+混合沉淀+澄清+酸碱中和+过滤,设计处理能力为1 000吨/天。

该企业废水排放口采用手工监测进行实际排放量的核算。依据《排污单位自行监测技术指南 火力发电及锅炉》(HJ 820—2017),燃煤电厂废水总排口污染物最低监测频次为1次/月,一年共有12次监测数据。以化学需氧量和氨氮为例计算年实际排放量。监测数据如下表2-13所示:

表2-13 企业废水排放口监测情况

监测日期	污染物	污染物浓度(mg/L)	日废水排放量(m³/d)
1.03	化学需氧量	116	445
	氨氮	0.17	
2.09	化学需氧量	7	498
	氨氮	3.4	
3.14	化学需氧量	8	502
	氨氮	0.06	
4.16	化学需氧量	17	499
	氨氮	3.22	
5.28	化学需氧量	27	566
	氨氮	1.47	
6.19	化学需氧量	298	601
	氨氮	3.2	
7.16	化学需氧量	36	399
	氨氮	0.51	
8.29	化学需氧量	15	555
	氨氮	1.52	
9.26	化学需氧量	59	546
	氨氮	1.28	
10.30	化学需氧量	65	701
	氨氮	4.24	
11.03	化学需氧量	141	532
	氨氮	0.72	

续表

监测日期	污染物	污染物浓度(mg/L)	日废水排放量(m³/d)
12.14	化学需氧量	37	741
	氨氮	9.34	

$$P_{化学需氧量} = \frac{116 \times 445 + 7 \times 498 + \cdots + 37 \times 741}{12} \times 365 \times 10^{-6} \approx 14.14 \text{ t}$$

$$P_{氨氮} = \frac{0.17 \times 445 + 3.4 \times 498 + \cdots + 9.34 \times 741}{12} \times 365 \times 10^{-6} \approx 0.55 \text{ t}$$

3.5 许可证核发及监管技术要点

1. 主要生产单元、生产工艺及生产设施的填报

(1) 主要生产单元、生产工艺及生产设施要按技术规范填报，不应混填，必填项不能遗漏。

(2) 除运输皮带外，相同生产设施应分行填报，不应采取备注数量的方式。

(3) 主要生产工艺的产品应包括蒸汽和电，热电联产企业也可填写供热量。

(4) 年运行时间填写设计值，一般为 5 000 h 或 5 500 h，对于个别填写 8 760 h、7 200 h 等较大运行时间的，应有备注信息。

2. 原辅料的识别

无特殊情况，原料可不填写；辅料应按设计规范填写完整；燃料应至少包括燃煤，对于启动用燃油也应在此填报，且应包括含硫率、热值等信息（不能填 0）。

3. 产排污环节的判定

(1) 燃煤锅炉燃烧废气除二氧化硫、氮氧化物、颗粒物以外，还应包括汞及其化合物、林格曼黑度等污染因子，技术规范中明确的内容不得丢项。

(2) 对于有除尘器但无排放口，如除尘器净化后排至车间内部的产排污环节，原则上可按无组织排放进行填报；对于有除尘器及排放口的产排污环节，原则上按照有组织排放口进行填报。

(3) 由于汞及其化合物、林格曼黑度采用的是协同治理措施，因此其污染治理设施编号应填"无"或"/"，并在"污染治理设施其他信息"中备注"协同处理"。

(4) 不得遗漏氨罐周边无组织氨排放的环节。

(5) 对于燃煤电厂，若现有管理规定中明确要求监测启动用燃油储罐周边的非甲烷总烃，则应按此要求申请，若无此要求，可不申请。

(6) 对于未采用最佳可行技术的污染控制环节，应填写"否"，并提供相关证明材料。

(7) 无组织废气污染源（输煤转运站、液氨罐、石灰石仓储等）注意填报采取的控制措施。

4. 废水信息的填报

(1) 各类废水应分行单独填报。

(2) 对于燃煤电厂，应将脱硫废水识别为设施或车间排放口，可通过在排放去向中填报"排入厂内污水处理站"或"其他"等选项实现。

(3) 对于未采用最佳可行技术的废水治理措施，应填写"否"，并提供相关证明材料。

（4）对于废水排入其他企业治理的，仅写明去向，若处理协议写明排水要求，还应在后续表格中填报相关信息；对于接纳其他企业废水的，须增加相应废水来源。

（5）自备电厂废水排至主行业污水处理站的，仅说明去向，待主行业申请许可证时，按照相应行业技术规范再行填报。

5. 许可排放量的核算

（1）对于汞及其化合物、林格曼黑度等需申请许可排放浓度，无须申请许可排放量。

（2）对于一般排放口，主要污染因子为粉尘或颗粒物，若执行大气综排，除确定许可排放浓度是 120 mg/m³ 以外，还应补充排放速率要求。

（3）许可排放量计算过程应详细、准确，计算方法及参数选取符合规范要求。如无地标规定，原则上不得按照超低排放计算许可量。对于热电机组，供热量可按照设计供热能力(MJ/a)进行计算，若只有锅炉小时供热能力(t/h)，则可结合蒸汽热焓值、前一年实际供热时间或前三年平均供热时间等参数，计算得到供热能力(MJ/a)。

（4）应体现与总量控制要求取严的过程，对于企业自愿采取更低排放要求申请许可排放浓度和许可排放量的，如企业自愿采用超低排放要求作为申请许可排放浓度和许可排放量的依据，应进行核实，并告知环保部门及企业利弊关系。

6. 自行监测方案的核实

（1）监测因子数量及最低监测频次应符合技术规范及最新发布的《排污单位自行监测技术指南 火力发电厂及锅炉》(HJ 820—2017)的要求。

（2）重点关注废气有组织一般排放口、无组织排放以及脱硫废水监测信息，脱硫废水污染物种类为 pH、总砷、总铅、总汞、总镉。对于废气有组织一般排放口，若地方有其他监测要求，则按其要求填报。

4 燃气电厂

4.1 主要产排污环节

目前，我国燃气电厂绝大多数为燃气蒸汽联合循环电厂，其工艺流程为：燃气首先进入燃气调（增）压站，然后通过厂区管道输送至天然气前置模块。经过处理后通过管道，输送至天然气系统。燃气轮机通过进气系统从外部环境吸入空气，通过压气机将其进行压缩，被压缩的空气温度也随着升高。经过压缩之后达到一定压力和温度的空气进入燃烧室与喷入的燃料混合燃烧，燃烧产生的高温燃气做功，同时驱动燃气轮发电机产生电能。高温烟气沿着燃机排烟通道进入余热锅炉，与余热锅炉系统的给水进行换热，最终产生的过热蒸汽进入蒸汽轮机做功，从而构成了一套完整的燃气-蒸汽联合循环。燃气蒸汽联合循环电厂主要工艺过程见图 2-2。

具体工艺流程介绍如下：

1. 空气压缩：它的主要作用就是提供气源动力，是气动系统的核心设备以及机电引气源装置中的主体。它能够通过自身的一系列操作将原动的机械能转化为气体压力能。压气机从大气吸入空气，并把它压缩到一定压力，然后进入燃烧室。

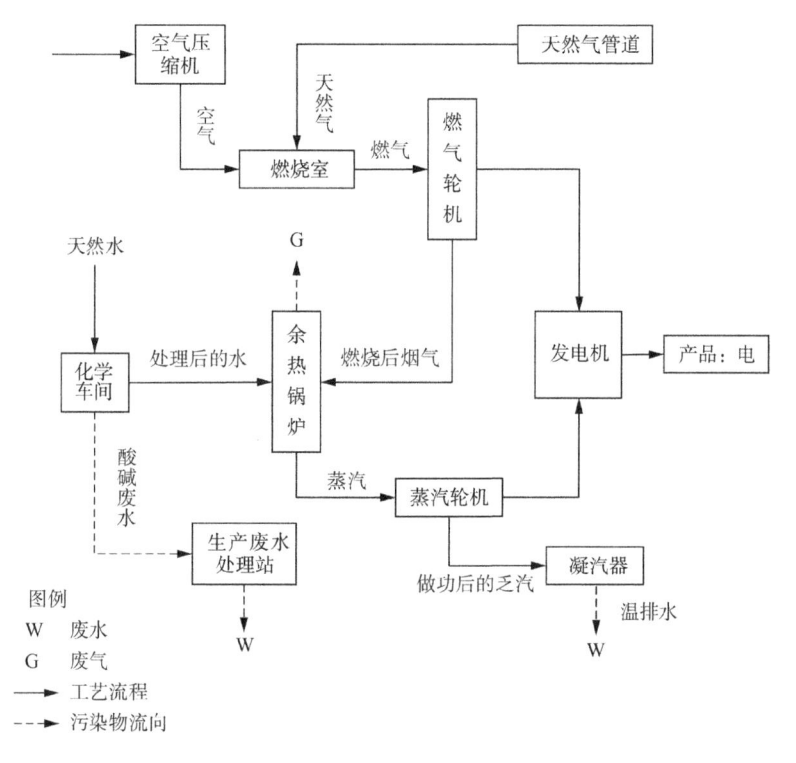

图 2-2　燃气蒸汽联合循环电站典型工艺流程图

2. 燃烧：与喷入的燃料混合、燃烧，形成高温燃气进行做功。主要污染物是二氧化硫、氮氧化物、颗粒物。

3. 发电：高温燃气推动透平转子旋转，带动发电机做功输出电能，从而把燃料中的化学能，部分地转变为机械功，燃气在透平中膨胀做功。

4. 余热锅炉加热：将燃气轮机的高温排气，经过烟道排入余热锅炉，应用热交换器原理加热锅炉中的给水，产生高温高压的蒸汽进入蒸汽轮机做功，并带动蒸汽轮发电机发电。

具体产排污环节见表 2-14。

表 2-14　燃气蒸汽联合循环电厂主要产排污环节

序号	生产过程	污染环节	污染因素	污染物
1	燃气调(增)压过程	分离器和过滤器排水	废水	悬浮物
2	燃烧过程	燃气燃烧	烟气	二氧化硫、氮氧化物、烟尘(颗粒物)
		余热锅炉排污	废水	pH、悬浮物等
3	汽轮发电过程	主厂房冲洗	冲洗废水	悬浮物、石油类等
		冷却过程	排污水	总余氯
4	化学水处理过程	化学水处理排水	废水	pH、化学需氧量、悬浮物、溶解性总固体(全盐量)
5	脱硝系统	脱硝设备	烟气	氮氧化物
6	公用系统	生活排水	生活污水	化学需氧量、五日生化需氧量、氨氮、总氮、总磷等

4.2 行业污染排放情况

1. 大气污染物

燃气电厂大气污染物排放情况见表2-15,废气排放口为主要排放口,为燃气锅炉、燃气轮机烟气排放口。

表2-15 燃气电厂排污环节、大气污染物种类、排口类型及执行标准一览表

主要生产单元	产排污环节	排放形式	污染物因子	排口类型	执行标准
锅炉发电生产单元	燃气锅炉	有组织	烟尘(颗粒物)	主要排放口	《火电厂大气污染物排放标准》(GB 13223—2011)
			二氧化硫		
			氮氧化物		
			林格曼黑度		
	燃气轮机	有组织	烟尘(颗粒物)		
			二氧化硫		
			氮氧化物		
			林格曼黑度		

2. 水污染物

燃气电厂水污染物排放情况见表2-16。废水排放口为废水总排放口。执行行业水污染物排放标准的火电排污单位,其废水排放口设置按照所属行业的排污许可证申请与核发技术规范规定;执行《污水综合排放标准》(GB 8978—1996)的火电排污单位废水排放口均为一般排放口。

表2-16 燃气电厂废水排放去向、水污染物种类、排口类型及执行标准一览表

废水类别	污染物因子	排口名称	废水去向	排口类型	执行标准
厂内集中处理工业废水	pH、悬浮物、化学需氧量、石油类、氨氮、氟化物、挥发酚	废水总排口	接城镇污水处理厂	一般排放口	《污水综合排放标准》(GB 8978—1996)、《污水排入城镇下水道水质标准》(GB/T 31962—2015)
生活污水	pH、悬浮物、化学需氧量、五日生化需氧量、氨氮、总磷	单独外排口	接城镇污水处理厂	一般排放口	
直流冷却水	温度、总余氯	单独外排口	外环境水体	一般排放口	—
循环冷却水排水	pH、化学需氧量、总磷	单独外排口	外环境水体	一般排放口	《污水综合排放标准》(GB 8978—1996)

3. 固体废弃物

燃气电厂一般固体废弃物和危险废物的种类和来源见表2-17。

表2-17 燃气电厂一般固体废弃物及危险废物的种类和来源

类别	来源	种类
一般工业固体废物	生产车间	污泥(排污单位废水水处理环节)
危险废物	生产车间、废水/废气处理设施	废铅酸电池、废活性炭、废油漆桶

4.3 自行监测

排污单位依据《排污单位自行监测技术指南 火力发电及锅炉》(HJ 820—2017)确定监测点位、污染物指标、监测频次等。净烟气与原烟气混合排放的,应在锅炉或燃气轮机(内燃机)排气筒,或烟气汇合后的混合烟道上设置监测点位;净烟气直接排放的,应在净烟气烟道上设置监测点位,有旁路的旁路烟道也应设置监测点位。

多种燃料掺烧的锅炉或燃气轮机应执行最严格的监测频次。排气筒废气监测应同步监测烟气参数。燃气电厂自行监测相关内容见表2-18。

4.4 总量核算

总量核算包括许可排放量的计算和实际排放量的计算。对于许可排放量,按照国家或地方污染物排放标准等法律法规和管理制度要求,按照从严原则确定许可排放浓度,依据总量控制指标及《火电行业排污许可证申请与核发技术规范》(环水体〔2016〕189号附件1)规定的方法从严确定许可排放量。2015年1月1日(含)后取得环境影响评价批复的火电排污单位,许可排放量还应同时满足环境影响评价文件和批复的要求。

对于实际排放量,主要包括正常排放和非正常排放实际排放量之和,应核算废气、废水主要排放口污染物实际排放量。对于排污许可证中载明应当采用自动监测的排放口和污染物,根据符合监测规范的有效自动监测数据采用实测法核算实际排放量。对于排污许可证未要求采用自动监测的排放口或污染物,按照优先顺序依次选取自动监测数据、执法和手工监测数据、产排污系数法(或物料衡算法)进行核算。监测数据应符合国家环境监测相关标准技术规范要求。

4.4.1 大气污染物

1. 许可排放量计算方法

许可排放量包括年许可排放量和特殊时段许可排放量,其中特殊时段许可排放量为日许可排放量。

(1) 年许可排放量

燃气电厂废气有组织排放口为主要排放口,主要为燃气轮机组烟囱和燃气锅炉烟囱。有组织主要排放口逐一计算烟尘(颗粒物)、二氧化硫和氮氧化物许可排放量,排污单位许可排放量为各主要排放口许可排放量之和。

燃气轮机组二氧化硫、氮氧化物、烟尘(颗粒物)的许可排放量根据机组装机容量和年利用小时数,采用排放绩效法测算。国务院生态环境主管部门发布火电排污单位废气许可排放量核定方法后,从其规定。排放绩效根据《火电厂大气污染物排放标准》(GB 13223—2011)限值进行确定,详见表2-19、表2-20、表2-21。有地方排放标准的,按照地方排放标准对应的限值折算排放绩效值。执行特别排放限值的,按照重点地区对应的排放绩效测算。新建锅炉为2012年1月1日之后环境影响评价文件通过审批的新建、扩建和改建的火力发电锅炉;现有锅炉为2012年1月1日之前建成投产或环境影响评价文件已通过审批的火力发电锅炉。原则上,年利用小时数按照5 000 h取值;自备发电机组和严格落实环境影响评价审批热负荷的热电联产机组按5 500 h取

表 2-18 燃气电厂自行监测相关内容一览表

排放类型	燃料类型	锅炉或燃气轮机规模	监测点位	监测指标	最低监测频次（废水分直接和间接排放） 直接排放	最低监测频次（废水分直接和间接排放） 间接排放
有组织	燃气[1]	14 MW 或 20 t/h 及以上	排气筒/烟道/旁路	氮氧化物	自动监测	自动监测
有组织	燃气[1]	14 MW 或 20 t/h 及以上	排气筒/烟道/旁路	颗粒物、二氧化硫、氮[2]、林格曼黑度	月	月
有组织	燃气[1]	14 MW 或 20 t/h 以下	排气筒/烟道/旁路	氮氧化物	年	年
有组织	燃气[1]	14 MW 或 20 t/h 以下	排气筒/烟道/旁路	颗粒物、二氧化硫、林格曼黑度	年	年
废水	燃气	涉单台 14 MW 或 20 t/h 及以上锅炉或燃气轮机的排污单位	企业废水总排放口	pH、化学需氧量、氨氮、悬浮物、总磷[3]、溶解性总固体（全盐量）、流量	季度	季度
废水	所有		循环冷却水排放口	pH、化学需氧量、总磷、流量	季度	季度
废水	所有		直流冷却水排放口	水温、流量	日	日
废水	所有	仅涉单台 14 MW 或 20 t/h 以下锅炉的排污单位	企业废水总排放口	总余氯	冬、夏各监测一次	冬、夏各监测一次
噪声	—	—	厂界	LeqA	年	年
周边环境质量	—	—		环境影响评价文件及其批复环境管理政策有明确要求的，按要求执行。	季度	季度

注：1. 仅限于以净化天然气为燃料的锅炉或燃气轮机组，其他气体燃料的锅炉或燃气轮机组参照以油为燃料的锅炉或燃气轮机组。
2. 使用液氨等含氨物质作为还原剂，去除烟气中氮氧化物的，可以选测。
3. 生活污水若不排入总排口，可不测总磷。

值;若企业可提供监测数据等材料证明自备发电机组和热电联产机组前三年平均利用小时数大于 5 500 h 的,可按照前三年平均数取值;对于不并网的自备热电机组,可以根据供热的主体设施利用小时数取值。具备有效自动监测数据的,企业也可依据前一自然年实际排放量,申请年许可排放量,其中排放浓度超标及监测数据缺失时段的排放量不得计算在内。存在锅炉和机组数量不对应情况的企业,对于纯发电机组,按照发电机数量逐台机组计算许可排放量;对于热电机组,根据发电机额定功率比例分别计算各自的供热能力,再按照发电机数量逐台机组计算许可排放量。年许可排放量计算公式见式(2-11)、(2-12):

$$E_{年许可} = \sum_{i=1}^{n} M_i \tag{2-11}$$

式中:

$E_{年许可}$ 为年许可排放量,t;

M_i 为第 i 台机组大气污染物年许可排放量,t。

$$M_i = (CAP_i \times 5\,000 + D_i/1\,000) \times GSP_i \times 10^{-3} \tag{2-12}$$

式中:

CAP_i 为第 i 台机组的装机容量,MW;

GPS_i 为第 i 台机组的排放绩效,g/kWh,取值可参考表 2-19、表 2-20、表 2-21;

D_i 为第 i 台机组供热量折算的等效发电量,kWh,热电联产机组的供热部分折算成发电量,用等效发电量表示,计算公式见公式(2-13):

$$D_i = (H_i \times 0.278 \times 0.3) \tag{2-13}$$

式中:

D_i 为第 i 台机组供热量折算的等效发电量,kWh;

H_i 为第 i 台机组的设计供热能力,MJ/a。

表 2-19 燃气机组二氧化硫排放绩效值选取表

燃料	地区	适用条件	绩效值(g/kWh)
天然气	全部		0.175

表 2-20 燃气机组氮氧化物排放绩效值

燃料	地区	适用条件	锅炉/机组类型	绩效值(g/kWh)
天然气	全部			0.25

表 2-21 燃气机组烟尘(颗粒物)排放绩效值

燃料	地区	绩效值(g/kWh)
天然气	全部	0.017 5

(2)特殊时段许可排放量

按日均许可排放量进行核算。特殊时段日许可排放量按公式(2-14)进行计算。地方制定的相关法规中对特殊时段许可排放量有明确规定的从其规定。国家和地方生态环境主管部门依法规定的其他特殊时段短期许可排放量应当在排污许可证中明确。

$$E_{日许可} = E_{日均排放量} \times (1-\alpha) \quad (2-14)$$

式中：

$E_{日许可}$为排污单位重污染天气应对期间或冬防阶段（现阶段主要指错峰生产）日许可排放量，t/d；

$E_{日均排放量}$为排污单位废气污染物日均排放量基数，t/d；对于现有排污单位，优先用前一年环境统计实际排放量和相应设施运行天数折算的日均值；若无前一年环境统计数据，则用实际排放量和相应设施运行天数折算的日均值；对于新建排污单位，则用许可排放量和相应设施运行天数折算的日均值；

α为重污染天气应对期间或冬防阶段（现阶段主要指错峰生产）排放量削减比例，%。

2. 实际排放量核算方法

燃气电厂实际排放量核算方法与燃煤电厂相同，具体参见本章3.4.1。

3. 废气污染物排放量核算案例

某燃气电厂建设1台300 MW燃气-蒸汽联合循环发电和热电机组，属于热电联产，全厂共有1个废气排口，排口名称为1#排口。2016年2月进行低氮燃烧改造。

（1）大气污染物许可排放量的计算

① 废气主要排放口的确定

根据《火电行业排污许可证申请与核发技术规范》（环水体〔2016〕189号附件1）涉及燃气锅炉或燃气轮机排放口为主要排放口，需计算许可排放量。

② 参数的确定

Ⅰ. 装机容量

根据环评及实际建设情况，1#机组装机容量$CAP_{1\#机组}$为300 MW。

Ⅱ. 排放绩效

1#机组排放绩效分别为：

二氧化硫0.175 g/kWh；氮氧化物0.25 g/kWh；颗粒物0.017 5 g/kWh。

Ⅲ. 设计供热能力

依据环评，1#机组设计供热量$H_{1\#机组}$为4 910 000 000 MJ/a。

③ 计算过程

1#机组供热量折算的等效发电量$D_{1\#机组}$：4 910 000 000×0.278×0.3＝409 494 000 kWh。

$E_{二氧化硫年许可}$：(300×5 000＋409 494 000/1 000)×0.175×10^{-3}≈334.16 t

$E_{氮氧化物年许可}$：(300×5 000＋409 494 000/1 000)×0.25×10^{-3}≈477.37 t

$E_{颗粒物年许可}$：(300×5 000＋409 494 000/1 000)×0.0175×10^{-3}≈33.42 t

④ 与环评批复进行比较

2015年1月1日（含）后取得环境影响评价批复的火电排污单位，许可排放限值还应同时满足环境影响评价文件和批复的要求。因此将环评批复量、按照核发技术规范的核算量进行比较取严作为企业大气污染物的许可排量，具体见表2-22。

表 2-22　大气主要污染物总量情况

污染物	环评批复总量(t/a)	规范计算量(t/a)	许可排放量(t/a)
二氧化硫	214	334.16	214
氮氧化物	301	477.37	301
颗粒物	19	33.42	19

上表可见,企业最终核定的许可排放量为二氧化硫 214 t/a,氮氧化物 301 t/a,颗粒物 19 t/a。

(2) 大气污染物实际排放量的计算

该企业主要排放口已安装自动监测设备,企业采用在线监测数据进行实际排放量的核算。通过在线平台查询该企业 2021 年每小时平均浓度和每小时烟气量数据,计算可得实际排放量。1# 机组年运行时间 5 364 小时,其中正常运行时间为 5 292 小时,不正常运行时间为 72 小时。

正常运行时间污染物排放量:

$D_{二氧化硫(正常)} = 0.82 \times 1\,046\,812.25 + 0.77 \times 1\,081\,254.65 + \cdots + 0.55 \times 1\,032\,522.33 \approx 4.57$ t

$D_{氮氧化物(正常)} = 13.68 \times 1\,046\,812.25 + 12.67 \times 1\,081\,254.65 + \cdots + 14.12 \times 1\,032\,522.33 \approx 78.96$ t

$D_{颗粒物(正常)} = 0.21 \times 1\,046\,812.25 + 0.19 \times 1\,081\,254.65 + \cdots + 0.27 \times 1\,032\,522.33 \approx 1.12$ t

非正常运行时间污染物排放量:

$D_{二氧化硫(非正常)} = 0.91 \times 1\,352\,158.64 + 1.12 \times 1\,455\,667.59 + \cdots + 0.84 \times 1\,256\,354.81 \approx 0.09$ t

$D_{氮氧化物(非正常)} = 156 \times 1\,352\,158.64 + 138 \times 1\,455\,667.59 + \cdots + 199 \times 1\,256\,354.81 \approx 15.43$ t

$D_{颗粒物(非正常)} = 0.32 \times 1\,352\,158.64 + 0.41 \times 1\,455\,667.59 + \cdots + 0.35 \times 1\,256\,354.81 \approx 0.03$ t

$D_{全厂二氧化硫} = D_{二氧化硫(正常)} + D_{二氧化硫(非正常)} = 4.57 + 0.09 = 4.66$ t

$D_{全厂氮氧化物} = D_{氮氧化物(正常)} + D_{氮氧化物(非正常)} = 78.96 + 15.43 = 94.39$ t

$D_{全厂颗粒物} = D_{颗粒物(正常)} + D_{颗粒物(非正常)} = 1.12 + 0.03 = 1.15$ t

该企业主要大气污染物许可排放量与实际排放量对比见表 2-23。

表 2-23　大气主要污染物许可排放量与实际排放量一览表

污染物	许可排放量(t/a)	实际排放量(t/a)	实际排放量占许可排放量之比
二氧化硫	214	4.66	2.2%
氮氧化物	301	94.39	31.4%
颗粒物	19	1.15	6.1%

由此可见,该企业实际排放量满足许可排放量要求。

4.4.2　水污染物

1. 许可排放量计算方法

废水排放口分为废水总排放口、车间或车间处理设施废水排放口。执行行业水污染物排放标准的火电排污单位,其废水排放口设置按照所属行业的排污许可证申请与核发技术规范规定;执行《污水综合排放标准》(GB 8978—1996)的火电排污单位废水排放口均为一般排放口,不设置许可排放量要求。

2. 实际排放量核算方法

燃气电厂实际排放量核算方法与燃煤电厂相同,具体参见本章3.4.2。

3. 废水污染物排放量核算案例

由于燃气电厂废水排口均为一般排放口,不许可排放量,此外,部分燃气电厂废水零排放,因此企业根据需要进行实际排放量的计算。

某公司设有1个废水总排口,废水总排口接管至某污水处理厂排放。污水设施治理工艺为:二级生化接触氧化处理法,设计处理能力为50吨/天。

该企业废水排放口采用手工监测进行实际排放量的核算。依据《排污单位自行监测技术指南 火力发电及锅炉》(HJ 820—2017),燃气电厂废水总排口污染物最低监测频次为1次/季度,一年共有4次监测数据。具体见表2-24。

表2-24 企业废水排放口监测情况

监测日期	污染物	污染物浓度(mg/L)	日废水排放量(m³)
2.21	化学需氧量	43	41
	氨氮	4.31	
6.03	化学需氧量	39	25
	氨氮	1.23	
8.06	化学需氧量	40	33
	氨氮	1.02	
12.01	化学需氧量	34	29
	氨氮	2.15	

$$P_{化学需氧量}=\frac{43\times41+39\times25+40\times33+34\times29}{4}\times365\times10^{-6}\approx0.46 \text{ t}$$

$$P_{氨氮}=\frac{4.31\times41+1.23\times25+1.02\times33+2.15\times29}{4}\times365\times10^{-6}\approx0.03 \text{ t}$$

4.5 许可证核发及监管技术要点

1. 管理类别的判定

根据《固定污染源排污许可分类管理名录(2019年版)》,火力发电4411判定为重点管理,燃气电厂虽然污染物排放种类少、排放浓度低,但仍是重点管理。

2. 主要生产单元、生产工艺及生产设施的填报

主要生产工艺的产品应包括蒸汽和电,须填报设计产能,而不是实际产能。年运行时间填写设计值,一般为5 000 h或5 500 h,对于个别填写8 760 h、7 200 h等较大运行时间的,应有备注信息。

3. 原辅料的识别

废气如采用脱硝工艺,辅料不能遗漏脱硝催化剂。燃料须依据购买气体燃料的气质

分析报告中的检测数值,填报硫分、热值等。

4. 产排污环节

低氮燃烧作为污染防治设施,不能遗漏,污染治理设施工艺须选择高效低氮燃烧器。如危废库已对无组织 VOCs(挥发性有机物)废气进行收集处理,产污设施须增加危废库,排放口类型为一般排放口。

5. 废水信息的填报

废水类别须对照废水种类填报完整,一般包括原水预处理废水、反渗透冲洗水、锅炉酸洗废水、生活污水等,不能填报成单一电力生产废水。注意识别冷却水排口为直流冷却水排口还是循环冷却水排口。直流冷却水排口水温、总余氯无排放标准及限值。

6. 许可排放量的核算

危废库排口为一般排放口,只许可排放浓度限值,不许可排放量,无须计算 VOCs 许可排放量。

7. 自行监测方案的核实

(1) 2015 年 1 月 1 日(含)以后取得环评审批意见的企业还应根据环评文件有关要求制定监测方案,在审核时发现部分企业未参照环评要求的频次开展自行监测工作。

(2) 直流冷却水排放口水温、流量最低监测频次为 1 次/日,总余氯冬、夏须各监测一次。

(3) 除净化天然气以外的其他气体燃料的锅炉或燃气轮机组参照以油为燃料的锅炉或燃气轮机组的废气监测指标和最低监测频次。

第三章

污水处理及其再生利用行业

1 行业概况及管理类别

1.1 行业概况

《国民经济行业分类》(GB/T 4754—2017)中污水处理及其再生利用行业(行业代码462)主要是指对污水污泥的处理和处置及净化后的再利用活动,包括污水的收集和污水的处理及深度净化活动,不包括城乡生活污水排网管理。该行业主要涉及水处理排污单位,执行《排污许可证申请与核发技术规范 水处理(试行)》(HJ 978—2018),主要包括城镇生活污水处理厂、其他生活污水处理厂、工业废水集中处理厂,不包括各行业排污单位内部的污水处理设施和排放口。

1.2 管理类别

1.2.1 不予核发排污许可证的情形

根据《排污许可管理办法(试行)》及环保部《关于固定污染源排污限期整改有关事项的通知》(环环评〔2020〕19号)中的规定,存在以下几种情形之一的排污单位,生态环境主管部门暂不予核发排污许可证。

1. 位于法律法规规定禁止建设区域内的。
2. "不能达标排放"类,污染物排放不符合污染物排放标准要求;重点污染物排放不符合排污许可证申请与核发技术规范、环境影响报告书(表)批准文件、重点污染物排放总量控制要求;排污单位位于未达到国家环境质量标准的重点区域、流域,污染物排放不符合有关地方人民政府关于改善生态环境质量特别要求的。
3. "手续不全"类,未依法取得建设项目环境影响报告书(表)批准文件,未办理环境影响登记备案手续,但是已经按照有关规定获得经地方人民政府依法处理、整顿规范并符合要求的相关证明材料的,或者按照地方人民政府有关规定已经取得排污许可证的除外。
4. "其他"类,如未按照规定安装、使用自动监测设备并与生态环境主管部门监控设备联网,未按规定设置污染物排放口等。

1.2.2 水处理排污单位类别

根据《排污许可证申请与核发技术规范 水处理(试行)》(HJ 978—2018),水处理排污单位类别分为以下三类：

1. 城镇污水处理厂：是指对进入城镇污水收集系统的污水进行净化处理的污水处理厂。

2. 其他生活污水处理厂：是指除城镇污水处理厂外，其他为社会公众提供生活污水处理服务的污水处理厂，如主要收集处理农村生活污水的农村污水集中处理设施。

3. 工业废水集中处理厂：是指除城镇污水处理厂外，专门处理其他单位工业废水，或为工业园区、开发区等工业聚集区域内的排污单位提供污水处理服务并作为工业聚集区配套设施的污水处理厂。

由于城镇污水处理厂和其他生活污水处理厂会接纳部分工业废水，工业废水集中处理厂也会接纳生活废水，很难根据定义确定污水处理厂类别，实际填报过程中，优先根据环评确定水处理排污单位属于哪一类污水处理厂。水处理排污单位环评等文件中未写明属于哪一类污水处理厂时，应根据本厂设计接纳污水比例等情况由地方生态环境管理部门明确按照哪一类污水处理厂进行管理。

1.2.3 管理类别的划分

1. 排污许可管理类别

根据《固定污染源排污许可分类管理名录（2019年版）》，该行业的排污许可管理类别详见表3-1。

表3-1 水处理行业排污许可管理类别一览表

行业类别	管理类别		
	重点管理	简化管理	登记管理
污水处理及其再生利用462	工业废水集中处理场所，日处理能力2万吨及以上的城乡污水集中处理场所	日处理能力500吨及以上2万吨以下的城乡污水集中处理场所	日处理能力500吨以下的城乡污水集中处理场

城镇和其他生活污水处理厂在填报管理类别时，不能根据实际生产规模确定管理类别，应按照设计规模判断是否属于重点管理或简化管理。

2. 环评管理类别

根据《建设项目环评影响评价分类管理名录（2021年版）》，该行业环境影响评价分类管理类别详见表3-2。

表3-2 水处理行业环评管理类别一览表

行业类别	环评类别		
	报告书	报告表	登记表
污水处理及其再生利用462	新建、扩建日处理10万吨及以上城乡污水处理的；新建、扩建工业废水集中处理的	新建、扩建日处理10万吨以下500吨及以上城乡污水处理的；新建、扩建其他工业废水处理的（不含建设单位自建自用仅处理生活污水的；不含出水间接排入地表水体且不排放重金属的）	其他（不含提标改造项目；不含化粪池及化粪池处理后中水处理回用；不含仅建设沉淀池处理的）

水处理行业排污许可管理和环评管理具有一定差别，具体分析如下：一是管理内容不一致，环评管理中"污水处理及其再生利用"的项目包括对污水污泥的处理和处置及净化后的再利用活动的项目，排污许可行业类别中"污水处理及其再生利用"仅针对污水集

中处理场所进行管理,不包括各行业排污单位内部的污水污泥处理设施和排放口;二是管理程度不一致,依据的水量标准不同,排污许可管理中日处理能力2万吨及以上的城乡污水集中处理场所的管理类别为重点管理,环评管理中日处理能力10万吨及以上的城乡污水集中处理的项目需编制环境影响报告书。

2 主要标准及技术规范

1. 涉及的排污许可相关技术规范

水处理排污单位应执行《排污许可证申请与核发技术规范水处理(试行)》(HJ 978—2018),其中执行火电、锅炉排放标准的生产设施和排放口适用火电、锅炉技术规范,本行业技术规范中未做出规定但排放工业废气或国家规定的有毒有害污染物的其它产污设施和排放口,参照总则执行。

专门处理单一行业废水的工业废水集中处理厂,如相应的行业排污许可证申请与核发技术规范中有明确规定的,从其规定。如专门处理电镀废水的集中式污水处理厂应执行《排污许可证申请与核发技术规范电镀工业》(HJ 855—2017)相关规定。

涉及的相关技术规范如下:
(1)《排污许可证申请与核发技术规范水处理(试行)》(HJ 978—2018)
(2)《排污许可证申请与核发技术规范工业固体废物(试行)》(HJ 1200—2021)
(3)《排污许可证申请与核发技术规范总则》(HJ 942—2018)
(4)《火电行业排污许可证申请与核发技术规范》:涉及执行《火电厂大气污染物排放标准》(GB 13223—2011)的生产设施或排放口
(5)《排污许可证申请与核发技术规范锅炉》(HJ 953—2018):涉及执行《锅炉大气污染物排放标准》(GB 13271—2014)的生产设施或排放口
(6)相关行业技术规范

2. 涉及的自行监测技术指南

水处理排污单位应执行《排污单位自行监测技术指南水处理》(HJ 1083—2020),其中执行火电、锅炉排放标准的生产设施和排放口应按照火电、锅炉自行监测技术指南有关要求开展自行监测工作,本行业指南中未涉及的工序可参照总则执行。

专门处理单一行业废水的工业废水集中处理厂,如相应的行业自行监测技术指南中有明确规定的,从其规定。

涉及的相关指南如下:
(1)《排污单位自行监测技术指南水处理》(HJ 1083—2020)
(2)《排污单位自行监测技术指南总则》(HJ 819—2017)
(3)《排污单位自行监测技术指南火力发电及锅炉》(HJ 820—2017)
(4)相关行业自行监测技术指南

3. 涉及的排放标准

城镇污水处理厂和其他生活污水处理厂应执行以下标准,有地方标准的应优先使用地方标准:

(1)《城镇污水处理厂污染物排放标准》(GB 18918—2002)及其修改单
(2)《污水排入城镇下水道水质标准》(GB/T 31962—2015)
(3)《大气污染物综合排放标准》(GB 16297—1996)
(4)《恶臭污染物排放标准》(GB 14554—93)
(5)《锅炉大气污染物排放标准》(GB 13271—2014)
(6)《火电厂大气污染物排放标准》(GB 13223—2011)
(7)《危险废物焚烧污染控制标准》(GB 18484—2020)
(8)《生活垃圾焚烧污染控制标准》(GB 18485—2014)
(9)相关地方标准

处理单一行业的工业废水集中处理厂执行相应行业的排放标准，无行业排放标准的执行污水综合排放标准；处理混合行业的工业废水集中处理厂的执行标准需根据接纳工业废水排污单位的行业标准，按照《排污许可证申请与核发技术规范水处理》(HJ 978—2018)中计算公式确定，有地方标准的应优先使用地方标准。

工业废水集中处理厂需执行的标准如下：
(1)相关行业标准
(2)《污水综合排放标准》(GB 8978—1996)
(3)《大气污染物综合排放标准》(GB 16297—1996)
(4)《恶臭污染物排放标准》(GB 14554—93)
(5)《锅炉大气污染物排放标准》(GB 13271—2014)
(6)《火电厂大气污染物排放标准》(GB 13223—2011)
(7)《危险废物焚烧污染控制标准》(GB 18484—2020)
(8)《生活垃圾焚烧污染控制标准》(GB 18485—2014)
(9)相关地方标准

4. 涉及的可行技术

在水处理排污单位排污许可证填报过程中需要对废气、废水、污泥处理技术是否为可行技术进行填报，根据《排污许可证申请与核发技术规范水处理(试行)》(HJ 978—2018)，水处理行业污染物处理常见可行技术见表3-3、表3-4和表3-5。表中未提及但环评审批通过的污染物处理工艺也属于可行技术。

表3-3 废气治理可行技术参照表

排放源	污染物	可行技术
预处理段、污泥处理段等产生恶臭气体的工段	氨气、硫化氢等恶臭气体	生物过滤、化学洗涤、活性炭吸附
焚烧炉烟气	颗粒物	袋式除尘、电除尘
	二氧化硫	湿法脱硫、半干法脱硫、干法脱硫
	氮氧化物	低氮燃烧、选择性催化还原法(SCR)、选择性非催化还原法(SNCR)
	氟化氢、氯化氢	碱吸收
	二噁英类	活性炭/焦吸附、烟道喷入活性炭/焦或石灰

表 3-4　污水处理可行技术参照表

废水类别	执行标准	可行技术
生活污水	执行 GB 18918—2002 中二级标准、一级 B 标准	预处理：格栅、沉淀（沉砂、初沉）、调节； 生化处理：缺氧好氧、厌氧缺氧好氧、序批式活性污泥、氧化沟、曝气生物滤池、移动生物床反应器、膜生物反应器； 深度处理：消毒（次氯酸钠、臭氧、紫外、二氧化氯）。
生活污水	执行 GB 18918—2002 中一级 A 标准或更严格标准	预处理：格栅、沉淀（沉砂、初沉）、调节； 生化处理：缺氧好氧、厌氧缺氧好氧、序批式活性污泥、接触氧化、氧化沟、移动生物床反应器、膜生物反应器； 深度处理：混凝沉淀、过滤、曝气生物滤池、微滤、超滤、消毒（次氯酸钠、臭氧、紫外、二氧化氯）。
工业废水	—	预处理：沉淀、调节、气浮、水解酸化； 生化处理：好氧、缺氧好氧、厌氧缺氧好氧、序批式活性污泥、氧化沟、移动生物床反应器、膜生物反应器； 深度处理：反硝化滤池、化学沉淀、过滤、高级氧化、曝气生物滤池、生物接触氧化、膜分离、离子交换。

表 3-5　污泥处理处置可行技术参照表

分类		可行技术
暂存		封闭
处理		污泥消化：厌氧消化、好氧消化； 污泥浓缩：机械浓缩、重力浓缩； 污泥脱水：机械脱水； 污泥堆肥：好氧堆肥； 污泥干化：热干化、自然干化。
处置利用	一般固体废物	综合利用（土地利用、建筑材料等）、焚烧、填埋
处置利用	危险废物	焚烧
处置利用	危险废物	委托具有危险废物处理资质的单位进行处置

3　主要产排污环节

根据《排污许可证申请与核发技术规范 水处理（试行）》（HJ 978—2018），水处理排污单位主要工艺流程可分为污水处理生产线和固体废物处理生产线，污水处理设施根据生产工艺主要分为"厂区外进水设施"、"预处理"、"生化处理"和"深度处理"四个单元，固体废物处理生产线中的设施主要包括污泥收集设施、处理设施和运输设施。具体工艺流程及产污情况见图 3-1。

4　行业污染排放情况

1. 大气污染物

水处理排污单位的废气处理工艺主要采用微生物法，由于接纳的污水会产生硫化氢

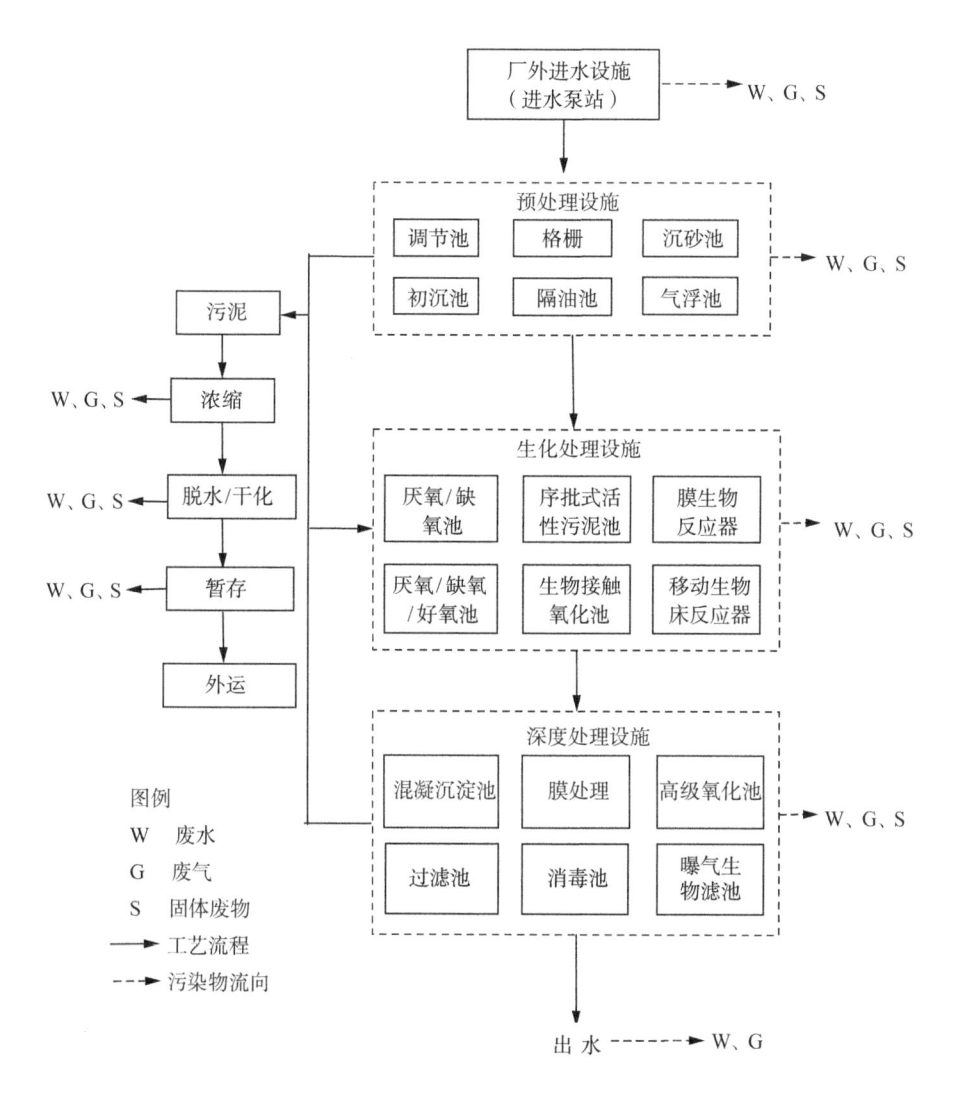

图 3-1 水处理行业工艺流程图

及氨气等敏感性恶臭物质,散发源通常在进水区、预处理和生化处理工段及污泥区,通常会在密闭加盖后采用生物过滤、活性炭吸附等技术进行除臭。大部分水处理排污单位废气有组织排放源只有除臭装置排放筒。具体见表 3-6。

2. 水污染物

污水处理厂即是水污染物减排的重点工程措施,也是水污染物排放的重点单位。污水处理厂根据接纳的废水类型不同,排放的水污染物种类也不同,城镇污水处理厂和其他生活污水处理厂接纳的大部分是生活废水,排放的水污染物主要为《城镇污水处理厂污染物排放标准》中所列的污染物,工业污水处理厂根据接纳的工业废水不同,根据相应行业废水的执行标准确定所排放的水污染物种类,具体见表 3-7。

表 3-6 水处理排污单位大气污染物种类、排口类型及执行标准一览表

排污单位类型	排放源	排放形式	主要废气污染物种类	执行标准	排放口类型
水处理排污单位	除臭装置排气筒	有组织	臭气浓度、硫化氢、氨	《恶臭污染物排放标准》(GB 14554—93)	一般排放口
	危险废物焚烧炉排气筒	有组织	烟气黑度、颗粒物(烟尘)、二氧化硫、一氧化碳、氟化氢、氯化氢、氮氧化物、汞及其化合物、镉及其化合物、(砷、镍及其化合物)、铅及其化合物、(铬、锡、锑、铜、锰及其化合物)、二噁英类	《危险废物焚烧污染控制标准》(GB 18484—2020)	主要排放口
	一般固体废物焚烧炉排气筒	有组织	颗粒物、二氧化硫、氮氧化物、氯化氢、汞及其化合物、(镉及铊及其化合物)、(锑、砷、铅、铬、钴、铜、锰、镍及其化合物)、二噁英类、一氧化碳	《生活垃圾焚烧污染控制标准》(GB 18485—2014)	主要排放口
	—	无组织	执行 GB 18918—2002 的污水处理厂：臭气浓度、硫化氢、氨、甲烷	《城镇污水处理厂污染物排放标准》(GB 18918—2002)	—
			工业废水集中处理厂：臭气浓度、硫化氢、氨	《恶臭污染物排放标准》(GB 14554—93)	—

表 3-7 水处理排污单位水污染物种类、排口类型及执行标准一览表

排污单位类型	主要废水污染物种类	执行国家标准	排放口类型
不接纳工业废水的城镇污水处理厂和其他生活污水处理厂	《城镇污水处理厂污染物排放标准》(GB 18918—2002)及其修改单中表 1 和表 2 所列污染物	《城镇污水处理厂污染物排放标准》(GB 18918—2002)及其修改单	主要排放口
接纳工业废水的城镇污水处理厂和其他生活污水处理厂	《城镇污水处理厂污染物排放标准》(GB 18918—2002)及其修改单中表 1 和表 2 所列污染物、厂区外进水中包括且列入 GB 18918—2002 中表 3 的污染物		主要排放口
处理单一行业工业废水的污水处理厂	根据相应的行业废水排放标准确定	相应行业水污染物排放标准，没有行业排放标准的执行《污水综合排放标准》(GB 8978—1996)	主要排放口
其他工业废水集中处理厂	将废水排入该污水处理厂的排污单位应执行的行业排放标准中规定的污染物，作为纳入排污许可管理的污染物		主要排放口

《城镇污水处理厂污染物排放标准》(GB 18918—2002)及其修改单中根据污染物的来源及性质，将污染物控制项目分为基本控制项目和选择控制项目两类。表 1 和表 2 为基本控制项目，主要包括影响水环境和城镇污水处理厂一般处理工艺可以去除的常规污染物以及部分一类污染物，共 19 项；表 3 为选择控制项目，包括对环境有较长期影响或毒性较大的污染物，共计 43 项。具体见表 3-8。基本控制项目必须执行，选择控制项目，由地方环境保护行政主管部门根据污水处理厂接纳的工业污染物的类别和水环境质量要求进行选择。

表 3-8 基本控制项目、部分一类污染物和选择控制项目一览表

分类	控制项目	分类	控制项目	
基本控制项目	化学需氧量(COD)	选择控制项目	总镍	三氯乙烯
	生化需氧量(BOD_5)		总铍	四氯乙烯
	悬浮物(SS)		总银	苯
	动植物油		总铜	甲苯
	石油类		总锌	邻-二甲苯
	阴离子表面活性剂		总锰	对-二甲苯
	总氮(以 N 计)		总硒	间-二甲苯
	氨氮(以 N 计)		苯并(a)芘	乙苯
	总磷(以 P 计)		挥发酚	氯苯
	色度(稀释倍数)		总氰化物	1,4-二氯苯
	pH		硫化物	1,2-二氯苯
	粪大肠杆菌群数(个/L)		甲醛	对硝基氯苯
部分一类污染物	总汞		苯胺类	2,4-二硝基氯苯
	烷基汞		总硝基化合物	苯酚
	总镉		有机磷农药(以 P 计)	间-甲酚
	总铬		马拉硫磷	2,4-二氯酚
	六价铬		乐果	2,4,6-三氯酚
	总砷		对硫磷	邻苯二甲酸二丁酯
	总铅		甲基对硫磷	邻苯二甲酸二辛酯
	—		五氯酚	丙烯晴
	—		三氯甲烷	可吸附有机卤化物(AOX 以 Cl 计)
			四氯化碳	—

3. 固体废物

《排污许可证申请与核发技术规范 工业固体废物(试行)》(HJ 1200—2021)指导和规范了水处理排污单位排污许可证中工业固体废物相关内容的申请与核发,水处理排污单位主要固体废物排放情况见表 3-9。

表 3-9 水处理排污单位一般固体废弃物及危险废物的种类和来源

排污单位类型	排放源	主要固废污染物	固体废物分类	代码
城镇污水处理厂和其他生活污水处理厂	固废处理生产线	污泥	一般固废	SW07
	格栅	栅渣	一般固废	SW59
	压滤机、污泥输送机	废机油	危险废物	HW08900-249-08
	实验室	实验室废液	危险废物	HW49900-047-49

续表

排污单位类型	排放源	主要固废污染物	固体废物分类	代码
处理单一行业工业废水的污水处理厂	固废处理生产线	污泥	应根据接纳工业废水的行业判断是否属于危险废物	—
	格栅	栅渣	应根据接纳工业废水的行业判断是否属于危险废物	—
	压滤机、污泥输送机	废机油	危险废物	HW08900-249-08
	实验室	实验室废液	危险废物	HW49900-047-49
其他工业废水集中处理厂	固废处理生产线	污泥	应根据接纳工业废水的行业判断是否属于危险废物	—
	格栅	栅渣	应根据接纳工业废水的行业判断是否属于危险废物	—
	压滤机、污泥输送机	废机油	危险废物	HW08900-249-08
	实验室	实验室废液	危险废物	HW49900-047-49

5 自行监测

《排污单位自行监测技术指南 水处理》(HJ 1083—2020)已颁布,持证的水处理排污单位应按照该指南开展自行监测工作,该指南不适用于处理量小于 500 m^3/d 的城镇污水处理厂和其他生活污水处理厂。

处理单一行业工业废水的污水处理厂,若相应的行业排污单位自行监测技术指南中有明确规定的,应从其规定。

水处理排污单位中自备火力发电机组(厂)、配套动力锅炉的自行监测要求按照《排污单位自行监测技术指南 火力发电及锅炉》(HJ 820—2017)执行。

水处理排污单位应对进水、出水和雨水都开展自行监测。

进水监测方面,水处理排污单位需对接纳的混合前的工业废水和混合后的进水口进水进行监测,接纳的工业废水混合前的废水监测频次根据相关行业排污许可证申请与核发技术规范或自行监测技术指南中废水总排放口确定。无行业排污许可证申请与核发技术规范和自行监测技术指南的,按照《排污单位自行监测技术指南 总则》(HJ 819—2017)中废水总排放口要求确定,监测结果可采用废水排放单位的自行监测数据,或自行开展监测。

出水监测方面,废水排入环境水体之前,有其他排污单位废水混入的,应在混入前后均设置监测点位。

雨水监测方面,雨水排放口有流动水排放时按月监测。如监测一年无异常情况,可放宽至每季度开展一次监测。

厂界环境噪声每季度至少开展一次昼夜监测,周边有敏感点的,应提高监测频次。

水处理行业废气、废水及噪声监测应参照相关自行监测指南、排污许可证、环评文件及批复等要求确定监测内容,周边环境质量影响监测参照排污单位环评文件、环评批复及其他环境管理要求确定监测内容。其中,废气监测须按相关标准分析方法、技术规范同步监测烟气参数。设区的市级及以上生态环境主管部门明确要求安装自动监测设备的污染物指标,须采取自动监测。自动监测数据须与地方生态环境主管部门污染源自动监控系统平台联网。

1. 城镇和其他生活污水处理厂

城镇和其他生活污水处理厂自行监测相关内容见表 3-10。

2. 工业污水处理厂

工业废水混合前根据相关行业排污许可证申请与核发技术规范或自行监测技术指南中废水总排放口确定,无行业排污许可证申请与核发技术规范和自行监测技术指南的按照《排污单位自行监测技术指南总则》(HJ 819—2017)中废水总排放口要求确定。工业污水处理厂自行监测相关内容见表 3-11。

6 总量核算

总量核算包括许可排放量的计算和实际排放量的计算。对于许可排放量,按照国家或地方污染物排放标准等法律法规和管理制度要求,按照从严原则确定许可排放浓度,依据总量控制指标及《排污许可证申请与核发技术规范水处理(试行)》(HJ 978—2018)规定的方法从严确定许可排放量。2015 年 1 月 1 日(含)后取得环境影响评价批复的水处理排污单位,许可排放限值还应同时满足环境影响评价文件和批复的要求。

对于实际排放量,水处理排污单位的出水污染物、废气污染物在核算时段内的实际排放量等于正常情况与非正常情况实际排放量之和。排污单位若有适用其他行业排污许可技术规范的生产设施,废气污染物的实际排放量为涉及的各行业生产设施实际排放量之和,且各行业实际排放量按相应行业排污许可技术规范中实际排放量核算方法核算。核算时段根据管理需求,可以是季度、年或特殊时段等。

6.1 大气污染物

1. 许可排放量计算方法

根据《排污许可证申请与核发技术规范水处理(试行)》(HJ 978—2018)的规定,水处理排污单位仅许可主要排放口即焚烧炉排气筒中废气污染物二氧化硫、氮氧化物、颗粒物的排放量,包括污染物年许可排放量和特殊时段许可排放量。

(1) 年许可排放量

焚烧炉烟气中二氧化硫、氮氧化物、颗粒物的年许可排放量,依据污染物许可排放浓度、排放口的排气量和年设计运行时间,采用公式(3-1)计算:

$$E_i = h \times Q \times C \times 10^{-9} \tag{3-1}$$

式中:

E_i 为第 i 个排放口废气污染物的年许可排放量,单位为 t/a;

h 为年设计运行时数,单位为 h/a;

Q 为排气量,单位为 Nm³/h,取近三年实际废气排放量的平均值,运行不满 3 年的则

表 3-10 城镇和其他生活污水处理厂自行监测相关内容一览表

污染物类型	监测点位	监测指标	监测频次 处理量≥2万 m³/d	监测频次 处理量<2万 m³/d
废水	进水总管	流量、化学需氧量、氨氮	自动监测	自动监测
废水	废水总排口	流量、pH、水温、化学需氧量、氨氮、总磷、总氮	日	日
废水	废水总排口	总磷、总氮	自动监测	自动监测
废水	废水总排口	悬浮物、色度、五日生化需氧量、动植物油、石油类、阴离子表面活性剂、粪大肠菌群数	月	季度
废水	废水总排口	总镉、总汞、总铅、总砷、总铬、六价铬	季度	半年
废水	废水总排口	烷基汞	半年	半年
废水	废水总排口	GB 18918—2002 中表 3 纳入许可的指标	半年	半年
废水	废水总排口	其他污染物[2]	半年	两年
废水	雨水排放口	pH、化学需氧量、氨氮、悬浮物	月	月
废水	除臭装置排气筒	臭气浓度、硫化氢、氨	半年	半年
有组织废气[1]	一般固体废物焚烧炉排气筒	颗粒物、二氧化硫、氮氧化物、一氧化碳、氯化氢	自动监测	自动监测
有组织废气[1]	一般固体废物焚烧炉排气筒	汞及其化合物、（镉、铊及其化合物）、（锑、砷、铅、铬、钴、铜、锰、镍及其化合物）	月	月
有组织废气[1]	一般固体废物焚烧炉排气筒	二噁英类	年	年
有组织废气[1]	危险固体废物焚烧炉排气筒	颗粒物（烟尘）、二氧化硫、一氧化碳、氯化氢、氮氧化物、	自动监测	自动监测
有组织废气[1]	危险固体废物焚烧炉排气筒	烟气黑度、氟化氢、汞及其化合物、镉及其化合物（砷、镍及其化合物）、铅及其化合物、（铬、锡、锑、铜、锰及其化合物）	月	月
有组织废气[1]	危险固体废物焚烧炉排气筒	二噁英类	年	半年
无组织废气	厂界或防护带边缘浓度最高处[3]	氨、硫化氢、臭气浓度	半年	半年
无组织废气	厂界甲烷体积浓度最高处[4]	甲烷[5]	年	年
厂界噪音	进水泵、曝气机、污泥回流泵、污泥脱水机、空压机、各类风机等	等效连续 A 声级	季度	季度

续表

污染物类型	监测点位	监测指标	监测频次 处理量≥2万 m³/d	监测频次 处理量<2万 m³/d
污泥	适用于采用好氧堆肥污泥稳定化处理方式的情况	含水率	日	月
	适用于采用厌氧消化、好氧消化、好氧堆肥污泥稳定化处理方式的情况	蛔虫卵死亡率、粪大肠菌群菌值 有机物降解率	月	月

注：1. 废气烟气参数和污染物浓度应同步监测。
2. 接纳工业废水执行的排放标准中含有的其他污染物。
3. 防护带边缘的浓度最高点，通常位于靠近污泥脱水机房附近。
4. 通常位于格栅、初沉池、污泥消化池、污泥浓缩池、污泥脱水机房等位置，选取浓度最高点设置监测点位。
5. 执行 GB 18918—2002 的排污单位执行。

表 3-11 工业废水集中处理厂自行监测相关内容一览表

污染物类型	监测点位	监测指标	监测频次 处理量≥2万 m³/d	监测频次 处理量<2万 m³/d
废水	进水总管	流量、化学需氧量、氨氮	自动监测	自动监测
废水	废水总排口	总磷、总氮	日	月
废水	废水总排口	流量、pH、水温、化学需氧量、氨氮、总磷、总氮	自动监测	自动监测
废水	废水总排口	悬浮物、色度	日	月
废水	废水总排口	五日生化需氧量、总汞、总铅、总砷、总镉、六价铬	月	季度
废水	废水总排口	其他污染物[2]	季度	季度
废水	雨水排放口	pH、化学需氧量、氨氮、悬浮物	月	月
有组织废气[1]	除臭装置排气筒	臭气浓度、硫化氢、氨	半年	半年
有组织废气[1]	一般固体废物焚烧炉排气筒	颗粒物、二氧化硫、氮氧化物、一氧化碳、氯化氢、汞及其化合物、(镉、铊及其化合物)、(锑、砷、铅、铬、钴、铜、锰、镍及其化合物)、二噁英类	自动监测	自动监测
有组织废气[1]	一般固体废物焚烧炉排气筒		月	月
有组织废气[1]	一般固体废物焚烧炉排气筒		年	年
有组织废气[1]	危险固体废物焚烧炉排气筒	颗粒物(烟尘)、二氧化硫、一氧化碳、氯化氢、氟化氢、汞及其化合物、镉及其化合物、(砷、镍及其化合物)、铅及其化合物、(铬、锡、锑、铜、锰及其化合物)、二噁英类	自动监测	自动监测
有组织废气[1]	危险固体废物焚烧炉排气筒	烟气黑度	月	月
有组织废气[1]	危险固体废物焚烧炉排气筒		年	年
无组织废气	厂界或防护带边缘浓度最高处[3]	氨、硫化氢、臭气浓度	半年	半年

注：1. 废气烟气参数和污染物浓度应同步监测。
2. 接纳工业废水执行的排放标准中含有的其他污染物。
3. 防护带边缘的浓度最高点，通常位于靠近污泥脱水机房附近。

从投产之日开始计算,未投入运行的排污单位取设计排气量;若致焚烧炉废气排放量变化,可在申请排污许可证时提交说明并按预期废气排放量申报,地方生态环境主管部门在核发排污许可证时根据排污单位合理预期确定许可排放量,但不得超过设计排气量;

C 为污染物许可排放浓度,mg/m³。

(2) 特殊时段许可排放量

排污单位特殊时段大气污染物日许可排放量按公式(3-2)计算。地方制定的相关法规中对特殊时段许可排放量有明确规定的,从其规定。国家和地方生态环境主管部门依法规定的其他特殊时段短期许可排放量应当在排污许可证中规定。

$$E_{日许可} = E_{前一年环境统计日均排放量} \times (1-\alpha) \tag{3-2}$$

式中:

$E_{日许可}$ 为排污单位重污染天气应对期间等特殊时段日许可排放量,t/d;

$E_{前一年环境统计日均排放量}$ 为根据排污单位前一年环境统计实际排放量和相应设施运行天数折算的日均排放量,t/d;

α 为重污染天气应对期间等特殊时段排放量削减比例,%。

2. 实际排放量核算方法

水处理排污单位废气中的二氧化硫、氮氧化物和颗粒物核算时段内的实际排放量等于各主要排放口实际排放量之和,不核算一般排放口和无组织排放的实际排放量。

排污单位的出水污染物和废气污染物在核算时段内实际排放量首先采用实测法核算。排污许可证中要求采用自动监测的污染物,应采用符合监测规范的有效自动监测数据核算污染物实际排放量。

对于应当采用自动监测而未采用的污染因子,按直排核算排放量。

未要求采用自动监测的排放口或污染物,按照优先顺序依次选取有效的自动监测数据、手工监测数据进行核算;若同一时段的手工监测数据与执法监测数据不一致,以执法监测数据为准。

(1) 实测法

① 自动监测

自动监测实测法是指根据符合监测规范的有效自动监测数据,采用公式(3-3)核算污染物排放量。

$$E_j = \sum_{i=1}^{h}(C_{i,j} \times Q_i) \times 10^{-9} \tag{3-3}$$

式中:

E_j 为核算时段内主要排放口第 j 项污染物的实际排放量,t;

$C_{i,j}$ 为标准状态下第 i 次监测的废气中第 j 项污染物小时排放质量浓度,mg/m³;

Q_i 为标准状态下第 i 次监测的小时废气量,Nm³/h;

h 为核算时段内污染物产生的小时数,量纲一。

② 手工监测

手工监测实测法是指根据符合监测规范的有效手工监测数据,采用公式(3-4)核算污染物排放量。

$$E_j = \frac{\sum_{i=1}^{n}(C_{i,j} \times Q_t)}{n} \times h \times 10^{-9} \tag{3-4}$$

式中：

E_j 为核算时段内主要排放口第 j 项污染物的实际排放量，t；

$C_{i,j}$ 为标准状态下第 i 次监测的废气中第 j 项污染物小时排放质量浓度，mg/m³；

Q_i 为标准状态下第 i 次监测的小时废气量，Nm³/h；

n 为核算时段内有效监测数据数量，量纲一；

h 为核算时段内污染物排放时间，h。

手工监测数据包括核算时间内的所有执法监测数据和排污单位自行或委托的有效手工监测数据。排污单位应将手工监测时段内生产负荷与核算时段内平均生产负荷进行对比，并给出对比结果。

（2）产污系数法

焚烧炉颗粒物、氮氧化物、二氧化硫的产生量采用公式(3-5)核算：

$$E = K \times Q \times t \times 10^{-6} \tag{3-5}$$

式中：

E 为核算时段内焚烧炉颗粒物、氮氧化物、二氧化硫的产生量，t；

K 为焚烧炉颗粒物、氮氧化物、二氧化硫的产污系数，可参照表 3-12 取值；

Q 为焚烧炉设计排气量，m³/h；

t 为核算时段内运行时间，h。

表 3-12　焚烧炉颗粒物、氮氧化物、二氧化硫产污系数

燃烧容量	颗粒物(g/m³)	二氧化硫(g/m³)	氮氧化物(g/m³)
≤300 kg/h	1	4	5
300～2 500 kg/h	0.8	3	5
≥2 500 kg/h	0.65	2	5

大部分污水处理厂不含有焚烧炉，有组织排放口主要为除臭装置排气筒，为一般排放口，无需计算许可排放量。

6.2　水污染物

1. 许可排放量计算方法

水处理排污单位应明确化学需氧量、氨氮、总磷、总氮许可排放量。地方生态环境主管部门还可以根据需要，明确受纳水体环境质量年均值超标且列入许可排放管控的污染物的许可排放量。所有污水处理厂出水为再生利用时，不许可污染物排放量。

排污单位水污染物年许可排放量采用公式(3-6)计算。

$$E_{j,许可} = Q \times C_{j,许可} \times 10^{-6} \tag{3-6}$$

式中：

$E_{j,许可}$ 为排污单位出水第 j 项水污染物的年许可排放量，t/a；

Q 为近三年实际排水量的平均值，m³/a，运行不满 3 年的则从投产之日开始计算年均排水量，未投入运行的排污单位取设计水量；若排污单位预期来水水量有变化，可在申请排污许可证时提交说明并按预期排水量申报，地方生态环境主管部门在核发排污许可证时根据排污单位合理预期确定许可排放量，但不得超过设计水量；

$C_{j,许可}$ 为排污单位出水第 j 项水污染物许可排放浓度限值，mg/L。

2. 实际排放量核算方法

排污单位的出水污染物在核算时段内实际排放量首先采用实测法核算。排污许可证中要求采用自动监测的污染物，应采用符合监测规范的有效自动监测数据核算污染物实际排放量。对于应当采用自动监测而未采用的污染因子，按直排核算排放量。未要求采用自动监测的排放口或污染物，按照优先顺序依次选取有效的自动监测数据、手工监测数据进行核算；若同一时段的手工监测数据与执法监测数据不一致，以执法监测数据为准。

排污单位的水污染物在核算时段内的实际排放量等于主要排放口即排污单位出水总排放口的实际排放量。

（1）实测法

① 符合监测方式要求的排放口或污染物

Ⅰ. 自动监测

出水自动监测实测法是指根据符合监测规范的有效自动监测数据，采用公式（3-7）核算污染物排放。

$$E = \sum_{i=1}^{n}(c_i \times q_i \times 10^{-6}) \tag{3-7}$$

式中：

E 为核算时段内主要排放口某项水污染物的实际排放量，t；

c_i 为核算时段内主要排放口某项水污染物在第 i 日的自动监测平均排放浓度，mg/L；

q_i 为核算时段内主要排放口第 i 日的流量，m³；

n 为核算时段内主要排放口的水污染物排放时间，d。

对要求采用自动监测的排放口或污染因子，在自动监测数据由于某种原因出现中断或其他情况下，应按照《水污染源在线监测系统（COD_{Cr}、$NH_3\text{-}N$ 等）数据有效性判别技术规范》（HJ/T 356—2019）补遗。

Ⅱ. 手工监测

出水手工监测实测法是指根据符合监测规范的有效手工监测数据，采用公式（3-8）核算污染物排放量。

$$E = \frac{\sum_{i=1}^{n}(c_i \times q_i)}{n} \times d \times 10^{-6} \tag{3-8}$$

式中：

E 为核算时段内主要排放口水污染物的实际排放量，t；

c_i 为核算时段内第 i 次监测的日排放浓度，mg/L；

q_i 为核算时段内第 i 次监测的日排水量，m³；

n 为核算时段内监测天数，量纲一；

d 为核算时段内主要排放口的水污染物排放时间，d。

手工监测数据包括核算时间内的所有执法监测数据和排污单位自行或委托的有效手工监测数据。排污单位自行或委托的手工监测频次、监测期间生产工况、数据有效性等须符合相关规范文件等要求。排污单位应将手工监测时段内生产负荷与核算时段内的平均生产负荷进行对比，并给出对比结果。

② 不符合监测方式要求的排放口或污染物

要求采用自动监测而未采用的排放口或污染物，根据进水监测数据核算污染物产生量，采用公式(3-9)核算污染物排放量。

$$E_{排放} = E_{产生} = \sum_{i=1}^{n}(c_i \times q_i \times 10^{-6}) \quad (3-9)$$

式中：

$E_{产生}$ 为核算时段内主要排放口某项水污染物产生量，t；

c_i 为核算时段内进水中某项水污染物在第 i 日监测的日均浓度，mg/L；

q_i 为核算时段内第 i 日监测的日进水流量，m³；

n 为核算时段天数，量纲一。

(2) 产污系数法

要求采用自动监测而未采用的排放口或污染物，且无进水监测数据的，采用公式(3-10)核算污染物排放量。

$$E_i = S \times C_i \times n \times 10^{-6} \quad (3-10)$$

式中：

E_i 为核算时段内第 i 项水污染物的排放量，t；

S 为排污单位设计处理水量，m³/d；

C_i 为排污单位第 i 项污染物设计进水浓度高值，mg/L；

n 为核算时段对应天数，d；

3. 废水污染物排放量核算案例

某污水处理厂于 2016 年取得环评报告的批复，主要接纳生活污水和少量工业废水，出水执行标准为《城镇污水处理厂污染物排放标准》(GB 18918—2002)一级 A 标准，设计处理能力为 12 万 m³/d，设计回用水量 4 万 m³/d；近三年实际处理能力平均值为 8 万 m³/d，实际回用水量平均值为 2 万 m³/d。厂内共有一个有组织废气排放口，为除臭装置排气筒。

(1) 废水污染物许可排放量核算

① 废水主要排放口的确定

根据《排污许可证申请与核发技术规范 水处理(试行)》(HJ 978—2018)，污水处理厂水污染物排放口为主要排放口,许可的污染物种类为化学需氧量、氨氮、总磷、总氮,其他污染物不需要计算许可排放量。

② 参数的确定

Ⅰ.年排水量

该厂已投产允许满3年,故Q应取近三年实际排水量的平均值,因回用水不计入总量计算中,则该厂年排水量为365×(80 000-20 000)=21 900 000 m³/a。

Ⅱ.许可排放浓度

城镇污水处理厂废水污染物执行标准为《城镇污水处理厂污染物排放标准》(GB 18918—2002)表1一级A标准,化学需氧量为50 mg/L、氨氮为5 mg/L、总磷为0.5 mg/L、总氮为15 mg/L。

③ 计算过程

Ⅰ.化学需氧量的许可排放量

$E_{化学需氧量}=21\ 900\ 000×50×10^{-6}=1\ 095$ t/a

Ⅱ.氨氮的许可排放量

$E_{氨氮}=21\ 900\ 000×5×10^{-6}=109.5$ t/a

Ⅲ.总磷的许可排放量

$E_{总磷}=21\ 900\ 000×0.5×10^{-6}=10.95$ t/a

Ⅳ.总氮的许可排放量

$E_{总氮}=21\ 900\ 000×15×10^{-6}=328.5$ t/a

④ 与环评批复进行比较

2015年1月1日(含)后取得环境影响评价批复的水处理排污单位,许可排放限值还应同时满足环境影响评价文件和批复的要求,因此将按照核发技术规范的核算量和环评批复量进行比较取严作为企业水主要污染物的许可排放量,具体见表3-13。

表3-13 水主要污染物总量情况

污染物	环评批复量(t/a)	规范计算量(t/a)	许可排放量(t/a)
化学需氧量	1 095	1 095	1 095
氨氮	109.5	109.5	109.5
总磷	10.95	10.95	10.95
总氮	328.5	328.5	328.5

由上表可见,企业最终核定的化学需氧量、氨氮、总磷及总氮许可排放量分别为1 095 t/a、109.5 t/a、10.95 t/a及328.5 t/a。

(2) 废水污染物实际排放量的计算

根据《排污单位自行监测技术指南 水处理》(HJ 1083—2020),该污水处理厂应安装化学需氧量、氨氮、总磷及总氮在线监测设备,根据符合监测规范的有效自动监测数据核算实际排放量。根据实际调查,该污水处理厂按照要求安装了化学需氧量、氨氮、总氮和总磷的在线监测设备。

① 化学需氧量的实际排放量

该企业主要排放口已安装化学需氧量自动监测设备,企业采用在线监测数据进行实际排放量的核算。通过在线平台查询该企业2021年每小时平均浓度和每小时流量数据,计算可得实际排放量。

$$E_{化学需氧量} = \sum (C_{化学需氧量} \times Q_{小时流量}) \times 10^{-6} = 392.12 \text{ t/a}$$

② 氨氮的实际排放量

该企业主要排放口已安装氨氮自动监测设备,企业采用在线监测数据进行实际排放量的核算。通过在线平台查询该企业2021年每小时平均浓度和每小时流量数据,计算可得实际排放量。

$$E_{氨氮} = \sum (C_{氨氮} \times Q_{小时流量}) \times 10^{-6} = 6.21 \text{ t/a}$$

③ 总磷的实际排放量

该企业主要排放口已安装总磷自动监测设备,企业采用在线监测数据进行实际排放量的核算。通过在线平台查询该企业2021年每小时平均浓度和每小时流量数据,计算可得实际排放量。

$$E_{总磷} = \sum (C_{总磷} \times Q_{小时流量}) \times 10^{-6} = 1.75 \text{ t/a}$$

④ 总氮的实际排放量

该企业主要排放口已安装总氮自动监测设备,企业采用在线监测数据进行实际排放量的核算。通过在线平台查询该企业2021年每小时平均浓度和每小时流量数据,计算可得实际排放量。

$$E_{总氮} = \sum (C_{总氮} \times Q_{小时流量}) \times 10^{-6} = 120.45 \text{ t/a}$$

该企业污染物许可排放量和实际排放量对比见表3-14。

表3-14 安装在线监测设备的污染物实际排放量与许可排放量对比

污染物	许可排放量(t/a)	实际排放量(t/a)	实际排放量占许可排放量之比
化学需氧量	1 095	392.12	35.8%
氨氮	109.5	6.21	5.7%
总磷	10.95	1.75	16.0%
总氮	328.5	120.45	36.7%

6.3 污泥

1. 污泥许可排放量

排污单位污泥年许可排放量为污泥年产生量与年自行综合利用量、自行处置量、委托处置利用贮存量之差,采用公式(3-11)计算。污泥年许可排放量为零。

$$E_{许可排放量} = E_{产生量} - E_{自行综合利用量} - E_{自行处置量} - E_{委托处置利用贮存量} = 0 \qquad (3-11)$$

式中:

$E_{许可排放量}$为自行综合利用、自行处置及委托处置利用贮存以外的污泥量,以干泥计,t;

$E_{产生量}$为废水处理过程中产生的污泥量,以干泥计,t;

$E_{自行综合利用量}$为按照资源综合利用要求以及国家和地方环境保护标准进行综合利用的污泥量,以干泥计,t;

$E_{自行处置量}$为在符合国家和地方环境保护标准的设施、场所处置的污泥量,以干泥计,t;

$E_{委托处置利用贮存量}$为委托有资质排污单位处置利用贮存的污泥量,以干泥计,t。

2. 污泥实际排放量核算方法

污泥排放量优先采用环境管理台账核算;无环境管理台账时,污泥产生量采用公式核算,厂内贮存量、自行综合利用量、自行处置量和委托处置利用贮存量按零计。

正常情况下,污泥实际排放量为污泥产生量与厂内贮存量、综合利用量、自行处置量和委托处置利用贮存量之差,采用公式(3-12)核算。

$$E_{实际排放量} = E_{产生量} - E_{自行综合利用量} - E_{自行处置量} - E_{厂内贮存量} - E_{委托处置利用贮存量}$$
(3-12)

式中:

$E_{实际排放量}$为自行综合利用、自行处置及委托处置利用贮存以外的污泥量,以干泥计,t;

$E_{产生量}$为废水处理过程中产生的污泥量,以干泥计,t;

$E_{自行综合利用量}$为按照资源综合利用要求以及国家、地方环境保护标准进行综合利用的污泥量,以干泥计,t;

$E_{自行处置量}$为在符合国家和地方环境保护标准的设施、场所处置的污泥量,以干泥计,t;

$E_{厂内贮存量}$为在符合国家和地方环境保护标准的设施、场所贮存的污泥量,以干泥计,t;

$E_{委托处置利用贮存量}$为委托有资质单位处置利用贮存的污泥量,以干泥计,t。

其中,污泥产生量、自行综合利用量、自行处置量、厂内贮存量和委托处置利用贮存量根据排污单位的环境管理台账确定。无法根据环境管理台账确定时,厂内贮存量、自行综合利用量、自行处置量和委托处置利用贮存量按零计算,污泥产生量采用公式(3-13)核定。

$$E_{产生量} = 1.7 \times Q \times W_{深} \times 10^{-4}$$
(3-13)

式中:

$E_{产生量}$为污水处理过程中产生的污泥量,以干泥计,t;

Q为核算时段内排污单位废水排放量,m³,具有有效出水口实测值按实测值计,无有效出水口实测值按进水口实测值计,无有效进水口实测值按协议进水水量计;

$W_{深}$为有深度处理工艺(添加化学药剂)时按2计,无深度处理工艺时按1计,量纲一。

7 许可证核发与监管技术要点

1. 生产设施的填报

(1) 水处理排污单位生产线包括了排污单位实际生产运行中主要装置与设施信息,可分为污水处理生产线和固体废物处理生产线。通常存在多条水处理生产线和固体废物处理生产线,根据《排污许可证申请与核发技术规范水处理(试行)》(HJ 978—2018)要求,水处理排污单位应在全国排污许可证信息管理平台中分开每条生产线的相关信息,不应将两条或多条生产线设施混在一起填报或将固废处理设施填报在污水处理生产线中。

(2) 水处理排污单位各污水处理设施参数内容应根据《排污许可证申请与核发技术规范水处理(试行)》(HJ 978—2018)附录 A.3 至 A.33 按设计值进行填报,其中设施名称、设施编号、设计水质、设计参数、药剂使用情况为必填项,其余为选填项。水处理排污单位污泥处理设施应填报污泥处理前后含水率,根据处理工艺不同填报处理设施功率、容积、面积等参数。

(3) 在排污许可证填报过程中,水处理排污单位经常出现污水处理设施参数和污泥处理设施参数填报内容遗漏或不准确等问题。根据污水处理厂相关工作人员反映,在实际填报过程中,很难根据环评、验收报告等现有资料将相关处理设施参数填报完整,遇到此类问题时,污水处理厂相关工作人员可以查询本厂原始设计报告,具体污水处理厂相关设施必填参数见《排污许可证申请与核发技术规范水处理(试行)》(HJ 978—2018)中附录 A。

2. 进水信息的填报

(1) 水处理排污单位进水分为厂区外进水和厂区内产生废水。厂区外进水类别包括生活污水、工业废水、雨水等。厂区内产生废水包括污泥脱水间废水、反冲洗废水、膜清洗废水等。

在全国排污许可证信息管理平台中,污水厂区外进水需填报生活污水进水和工业废水进水详细信息。

接纳厂区外生活污水的水处理排污单位,需填报收水四至范围、厂区外进水水量(近三年平均日处理量,m^3/d)、管网属性、管网所有权单位。

接纳厂区外工业废水的水处理排污单位,需填报工业废水排污单位名称、所属行业、协议水量及水质、管网属性、管网所有权单位。若工业废水的排污单位已取得排污许可证,需填报该单位的排污许可证编号。若工业废水排入城镇污水收集系统,可选择填报进入城镇污水收集系统的经纬度坐标(通常为检查井位置)。

(2) 在排污许可证填报过程中,水处理排污单位经常出现进水类别和相关信息填报不完整或遗漏的问题。一是遗漏厂外进水信息,城镇或其他生活污水处理厂应重点关注是否遗漏厂外进水中的工业废水,工业废水集中处理厂应重点关注是否遗漏厂外进水中的生活污水,水处理排污单位收水区域若属于雨污合流管网,那么厂外进水信息中应增加"厂外雨水";二是遗漏厂内进水信息,若厂内已经做好雨污分流,并收集初期雨水进入污水处理生产线进行处理,那么厂内进水类别中应填报"厂内雨水";三是"工业废水进水信息表"填报不全,不论是城镇污水处理厂还是工业废水处理厂,填报工业废水的企业信息时都会出现遗漏的情况,有的只填写了领取了排污许可证的接管企业信息,有的只填写了接管废水量较大的企业,申领排污许可证时应将所有的接管企业信息填写完整。

3. 污染因子的识别

水处理排污单位应依据相应行业排污许可技术规范及环评文件、批复中明确的污染因子,全面准确识别废水、废气污染因子。

(1) 对于有组织废气污染因子,应关注焚烧危险废物的设施废气排放口,2020 年《危险废物焚烧污染控制标准》(GB 18484—2001)修订后,取消了"烟气黑度"排放限值指标,污染因子"烟气黑度"可不列入焚烧危险废物的设施废气排放口中,同时该标准修订后将原来的"砷、镍及其化合物"和"铬、锡、锑、铜、锰及其化合物"调整为"砷及其化合物"、"铬及其化合物"和"锡、锑、铜、锰、镍及其化合物",填报时应按照修订后的污染因子进行填报。

对于无组织废物污染因子,应关注污水处理厂厂界污染物甲烷仅需执行《城镇污水处理厂污染物排放标准》(GB 18918—2002)的排污单位执行,即城镇污水处理厂和其他生活污水处理厂纳入排污许可管理的无组织废气污染物有四种,分别为氨、硫化氢、臭气浓度和甲烷;工业废水集中处理厂纳入排污许可管理的无组织废气污染物一般仅有三种,分别为氨、硫化氢、臭气浓度。

(2) 对于废水污染物,接纳工业废水的城镇污水处理厂和其他生活污水处理厂除了纳入常规管理的 pH、悬浮物、色度等 19 项常规污染物外,还应识别厂区外进水中包括且列入《城镇污水处理厂污染物排放标准》(GB 18918—2002)中表 3 的污染物,根据生态环境部水处理行业排污许可技术规范编制小组 2018 年 11 月 15 日关于《排污许可证申请与核发技术规范水处理(试行)》培训要求,城镇污水处理厂和其他生活污水处理在申领排污许可证时,应提供《城镇污水处理厂污染物排放标准》(GB 18918—2002)表 3 中各项指标的监测结果,超过检出下限的污染物应纳入排污许可日常管理。工业废水集中处理厂应根据接纳的工业废水所执行的行业排放标准确定纳入排污许可管理的污染物,这里并不是指执行标准中所有的污染物都应纳入管理,是指接纳的工业废水含有的污染物纳入排污许可管理即可。

4. 许可排放限值的判定

水处理排污单位需根据国家或地方污染物排放标准,按照从严原则确定许可排放浓度。2015 年 1 月 1 日(含)后取得环境影响评价文件审批意见的排污单位,许可排放限值应同时满足环境影响评价审批意见要求。排污单位承诺的排放浓度严于本标准要求的,应在排污许可证中规定。

(1) 出水排放口许可污染物排放浓度的确定

① 城镇污水处理厂和其他生活污水处理厂

城镇污水处理厂和其他生活污水处理厂出水为再生利用时,仅许可排放浓度。城镇污水处理厂和其他生活污水处理厂出水(含再生利用)中污染物许可排放浓度依据《城镇污水处理厂污染物排放标准》(GB 18918—2002)及其修改单确定。

当城镇污水处理厂和其他生活污水处理厂接纳的工业废水中含有《城镇污水处理厂污染物排放标准》(GB 18918—2002)及其修改单中未规定的污染物时,该污染物的排放标准可根据所属行业的排放标准确定。

② 工业废水集中处理厂

工业废水集中处理厂出水为再生利用时,不许可污染物排放浓度。排入城镇污水收集系统的工业废水集中处理厂,出水中污染物许可排放浓度限值应同时满足《污水排入城镇下水道水质标准》(GB/T 31962—2015)要求。

Ⅰ. 处理单一行业工业废水的工业废水集中处理厂出水中水污染物许可排放浓度限值依据相应行业水污染物排放标准确定,没有行业排放标准的依据《污水综合排放标准》(GB 8978—1996)确定。

Ⅱ. 混合工业废水集中处理厂直排出水浓度的计算

处理混合行业废水的工业废水集中处理厂出水直接排入环境水体时,参照《污水综合排放标准》(GB 8978—1996)中混合排放的管控要求,根据来水确定排放浓度,即根据污水处理厂接纳的每股水的水量和执行的浓度限值通过加权平均的方法确定工业污水处理厂的出水许可浓度。

在计算过程中,排放浓度限值的取值较为复杂,污水处理厂接纳每一股的工业废水中的水污染物有行业排放标准的取行业排放标准中直接排放的浓度限值,没有行业排放标准的取《污水综合排放标准》(GB 8978—1996)中规定的直接排放浓度限值。

接纳的工业废水所执行的排放标准中水污染物浓度限值为"不得检出"时,浓度限值取零,执行的排放标准中没有或未规定浓度限值时,水污染物浓度限值也取零。

在计算总磷、总氮、生化需氧量许可排放浓度时,接纳的工业废水执行的排放标准中未规定总磷、总氮、生化需氧量的排放浓度限值时,浓度限值取零,水量也取零。

具体计算公式(3-14)如下:

$$C_{j,许可} = \frac{\sum_{i=1}^{n} C_{i,j} Q_i}{\sum_{i=1}^{n} Q_i} \quad (3\text{-}14)$$

式中:

$C_{j,许可}$ 为排污单位出水中第 j 项水污染物的许可排放浓度限值,mg/L;计算结果低于监测分析方法中检出限时,$C_{j,许可}$ 为不得检出;

$C_{i,j}$ 为排污单位接收的第 i 个废水排放单位的第 j 项水污染物执行的排放标准中水污染物直接排放浓度限值,mg/L;

Q_i 为排污单位接收的第 i 个废水排放单位协议废水水量,但不得超过该排污单位执行的水污染物排放标准中规定的单位产品基准排水量(m^3/t)与产品产能的乘积,m^3;

n 为接收的废水排放单位数量,量纲一。

计算案例:

一家工业园区污水处理厂接纳了四个行业的来水,水量分别是 A 行业 10 m^3/a、B 行业 15 m^3/a、C 行业 25 m^3/a、D 行业 20 m^3/a。四类来水总氮执行的排放标准分别是,A 行业:20 mg/L;B 行业:35 mg/L;C 行业:15 mg/L;D 行业排放标准中未规定总氮排放浓度。四类来水六价铬执行的排放标准分别是,A 行业:0.2 mg/L;B 行业:0.5 mg/L;C

行业:不得检出;D 行业排放标准中未规定六价铬排放浓度。

则该污水厂总氮出水浓度应执行的排放限值计算过程如下,其中 D 行业水量和排放浓度取值为零:

$$\frac{20\times10+35\times15+15\times25+0\times0}{10+15+25+0}=22 \text{ mg/L}$$

该污水厂六价铬出水浓度应执行的排放限值计算过程如下,其中 C 行业和 D 行业排放浓度取零,水量不为零:

$$\frac{0.2\times10+0.5\times15+0\times25+0\times20}{10+15+25+20}\approx0.136 \text{ mg/L}$$

Ⅲ. 混合工业废水集中处理厂间接排放浓度的计算

处理混合行业废水的工业废水集中处理厂也存在出水间接排放,例如:某工业集中区配套污水处理厂 A 接纳园区排污单位工业废水后,处理达到污水处理厂 B 接管标准后,尾水排入污水处理厂 B,那么工业废水集中处理厂 A 的出水为间接排放。水污染物间排实际排放浓度的计算公式与直排时相同,但相关数据取值不同,出水间接排放的工业废水集中处理厂接纳废水中的污染物没有排放标准时通过协商确定,出水水量取值不得超过该排污单位执行的水污染物排放标准中规定的单位产品基准排水量与产品产能的乘积。具体计算公式(3-15)如下:

$$C_{j,许可} = \frac{\sum_{i=1}^{n}C_{i,j}Q_i}{\sum_{i=1}^{n}Q_i} \qquad (3-15)$$

式中:

$C_{j,许可}$ 为排污单位出水第 j 项水污染物的许可排放浓度限值,mg/L;计算结果低于监测分析方法检出限时,$C_{j,许可}$ 为不得检出;

$C_{i,j}$ 为第 i 个废水排放单位废水中第 j 项水污染物执行的排放标准中规定的间接排放浓度限值或要求,没有排放标准的协商确定,mg/L;

Q_i 为第 i 个废水排放单位协议的年废水水量,m³;

n 为接收的废水排放单位数量,量纲一。

Ⅳ. 无法通过计算公式确定废水污染物许可排放浓度的计算

无法通过计算公式确定废水污染物许可排放浓度的,许可排放浓度限值依据《城镇污水处理厂污染物排放标准》(GB 18918—2002)中一级标准确定。根据地表水域环境功能和保护目标要求,当出水引入稀释能力较弱的河湖作为景观用水等用途时,或者当出水排入国家和省确定的重点流域及湖泊、水库等封闭、半封闭水域时,执行一级 A 标准;其他情况执行一级 B 标准。国家、地方管理文件或环境影响评价批复文件中对排污单位废水排放浓度限值有明确要求的,从严确定。

计算案例:

一家工业污水处理厂接纳三个行业的来水,水量分别是 A 行业 10 m³/a、B 行业

15 m³/a、C 行业 25 m³/a。三类来水色度执行的排放标准分别为,A 行业:80 mg/L;B 行业:50 mg/L;C 行业:50 mg/L。该污水处理厂出水引入稀释能力较弱的河湖作为景观用水,则该污水厂色度出水浓度应执行的排放限值为:《城镇污水处理厂污染物排放标准》(GB 18918—2002)及其修改单中一级 A 标准,即 30 mg/L。

(2) 废气排放口许可污染物排放浓度的确定

废气主要排放口、一般排放口和厂界无组织排放都应许可污染物排放浓度。

① 有组织废气:焚烧危险废物的设施废气排放口依据《危险废物焚烧污染控制标准》(GB 18484—2020)确定废气许可排放浓度限值;焚烧一般固体废物的设施废气排放口参照《生活垃圾焚烧污染控制标准》(GB 18485—2014)确定废气许可排放浓度限值;除臭装置废气排放口依据《恶臭污染物排放标准》(GB 14554—93)确定废气许可排放浓度限值。

Ⅰ. 焚烧危险废物的设施废气排放口

2020 年,《危险废物焚烧污染控制标准》(GB 18484—2001)进行了修订,新建焚烧设施自 2021 年 7 月 1 日执行修订后的标准,现有焚烧设施自 2022 年 1 月 1 日起执行修订后的标准。

Ⅱ. 焚烧一般固体废物的设施废气排放口

焚烧一般固体废物的设施废气排放口参照《生活垃圾焚烧污染控制标准》(GB 18485—2014)确定废气许可排放浓度限值。

Ⅲ. 除臭装置废气排放口

根据《恶臭污染物排放标准》(GB 14554—93),除臭装置排气筒有组织排放标准限值根据排气筒高度进行判断,该标准中明确规定排气筒高度是指从地面(零地面)起至排气口的垂直高度,不得低于 15 米。在两种高度之间的排气筒,采用高度相差最小的排气筒的排放浓度限值。如排气筒高度为 27 米,判断其臭气浓度的排放限值,根据标准中排气筒高度的划分,27 米在 25 米和 35 米之间,同 25 米相差最小,取其浓度排放限值,即 27 米的除臭装置排气筒其臭气浓度排放的标准限值为 6 000(无量纲)。

若执行不同许可排放浓度的多台生产设施或排放口采用混合方式排放废气,且选择的监控位置只能监测混合废气中的大气污染物浓度,则应执行各许可排放浓度限值要求中最严格的限值。

② 无组织废气

城镇污水处理厂和其他生活污水处理厂界污染物许可排放浓度依据《城镇污水处理厂污染物排放标准》(GB 18918—2002)确定,工业废水集中处理厂界污染物许可排放浓度依据《大气污染物综合排放标准》(GB 16297—1996)、《恶臭污染物排放标准》(GB 14554—93)确定。地方有更严格排放标准要求的,从其规定。

《城镇污水处理厂污染物排放标准》(GB 18918—2002)和《恶臭污染物排放标准》(GB 14554—93)中都将厂界污染物的浓度限值分为三级,位于《环境空气质量标准》(GB 3095—2012)中一类区的排污单位执行一级标准,位于《环境空气质量标准》(GB 3095—2012)中二类区的排污单位执行二级标准,位于《环境空气质量标准》(GB 3095—2012)中三类区的排污单位执行三级标准。根据 2012 年修订的最新的《环境空气质量标准》(GB 3095—2012),环境空气功能区的分类已经进行了调整,将原来的三类区并入二类区,现一类区为自然保护区、风景名胜区和其他需要特殊保护的区域,二类区为居住区、商业交通居民混合区、文化区、工业区和农村地区。一类区内通常没有排污单位,所以现在执行这两个标准的污水处理厂厂界污染物都执行其二级标准,具体污染物排放限值要求见表 3-15。

表 3-15 污水处理厂厂界污染物标准限值 单位:g/m³

排放源	污染因子	城镇污水处理厂和其他生活污水处理厂		工业废水集中处理厂	
		执行标准	浓度限值	执行标准	浓度限值
厂界	氨	《城镇污水处理厂污染物排放标准》(GB 18918—2002)	1.5	《恶臭污染物排放标准》(GB 14554—93)	1.5
	硫化氢		0.06		0.06
	臭气浓度		20		20
厂区体积浓度最高处	甲烷		1(%)	—	—

(3) 污泥控制指标的确定

城镇污水处理厂和其他生活污水处理厂的污泥进行稳定化处理后应满足《城镇污水处理厂污染物排放标准》(GB 18918—2002)中污泥稳定化控制指标要求,处理后的污泥用作农用的,其污染物含量应满足《城镇污水处理厂污染物排放标准》(GB 18918—2002)中污泥农用时污染物控制指标要求。

5. 自行监测的核实

(1) 监测因子的准确性

水处理排污单位环评为 2015 年 1 月 1 日后的,排污单位需要翻阅环评中"监测计划"的监测内容,对比补充《排污单位自行监测技术指南 水处理》(HJ 1083—2020)未要求进行监测的污染因子。

根据《排污单位自行监测技术指南 水处理》(HJ 1083—2020)的要求,污水处理厂需要对出水的流量、水温开展自动监测,在"全国排污许可证管理信息平台"上,水处理排污单位"自行监测要求"模块中出水监测因子是由"排污节点及污染治理设施"模块中废水类别、污染物及污染治理设施信息表中填报的出水污染物种类导入的,企业在平台上填报出水污染物种类时应增加"水温"、"流量",确保后续自行监测信息填报时没有遗漏。

厂界污染物监测要求中,仅有城镇污水处理厂和其他生活污水处理厂需要对厂界体积浓度最高处的"甲烷"进行监测,工业污水处理厂不需要监测。

(2) 监测频次的准确性

水处理行业废气、废水及噪声监测频次还应对比环评文件(2015 年 1 月 1 日以后)等要求取严确定,水处理排污单位环评为 2015 年 1 月 1 日后的,排污单位需要翻阅环评中"监测计划"中污染物监测频次和《排污单位自行监测技术指南 水处理》(HJ 1083—2020)要求的监测频次进行对比,选择更严格的监测频次进行监测,水处理排污单位环评为 2015 年 1 月 1 日前的,则根据技术指南确定监测频次即可。

在水处理排污单位的进水口和出水口都需要对总氮进行自动监测,根据《排污单位自行监测技术指南 水处理》(HJ 1083—2020)要求,总氮在自动监测技术指南发布之前按日监测,在自动监测技术指南发布之后需按照在线监测。

第四章

电池制造工业

1 行业概况及管理类别

1.1 行业概况

根据《国民经济行业分类》(GB/T 4754—2017),电池制造工业(行业代码384)是指以正极活性材料、负极活性材料,配合电介质,以密封式结构制成的,并具有一定公称电压和额定容量的化学电源的制造;包括一次性、不可充电和二次可充电,重复使用的干电池、蓄电池(含太阳能用蓄电池)的制造,以及利用氢与氧的合成转换成电能的装置,即燃料电池制造;不包括利用太阳光转换成电能的太阳能电池制造。

电池行业在我国既是传统产业,又是新能源产业的重要组成部分,经济中的分类已由过去小类行业发展为中类行业。电池一般包括物理电池和化学电池。物理电池是指利用物理效应将太阳能、热能或者核能直接转换成直流电能的装置,如太阳能电池、核电池等;化学电池是一种将化学能直接转变成直流电能的装置,如铅蓄酸电池、锂离子电池、锌锰电池等。电池的类型比较繁多,不同类型电池的电极材料和生产工艺也会有所不同。本章节主要介绍最为常见的铅蓄电池和锂离子电池。

1.2 管理类别

1.2.1 不予核发排污许可证的情形

根据《排污许可管理办法(试行)》及环保部《关于固定污染源排污限期整改有关事项的通知》(环环评〔2020〕19号)中的规定,存在以下几种情形之一的排污单位,生态环境主管部门暂不予核发排污许可证。

1. 位于法律法规规定禁止建设区域内的。
2. 属于国务院经济综合宏观调控部门会同国务院有关部门发布的产业政策目录中明令淘汰或者立即淘汰的落后生产工艺装备、落后产品的。

根据《产业结构调整指导目录(2019年本)》,属淘汰类落后生产工艺装备及落后产品行列如下:

(1) 落后生产工艺

① 铅蓄电池生产用于开放式熔铅锅、开口式铅粉机的;

② 采用管式铅蓄电池干式灌粉工艺的。

(2) 落后产品

① 汞电池(氧化汞原电池及电池组、锌汞电池);

② 含汞糊式锌锰电池、含汞纸板锌锰电池、含汞圆柱型碱锰电池、含汞扣式碱锰电池;

③ 含汞浆层纸、含汞锌粉;

④ 开口式普通铅蓄电池、干式荷电铅蓄电池;

⑤ 含镉高于0.002%的铅蓄电池;

⑥ 含砷高于0.1%的铅蓄电池;

⑦ 民用镉镍电池。

3. "不能达标排放"类,污染物排放不符合污染物排放标准要求;重点污染物排放不符合排污许可证申请与核发技术规范、环境影响报告书(表)批准文件、重点污染物排放总量控制要求;排污单位位于未达到国家环境质量标准的重点区域、流域,污染物排放不符合有关地方人民政府关于改善生态环境质量特别要求的。

4. "手续不全"类,未依法取得建设项目环境影响报告书(表)批准文件,未办理环境影响登记备案手续,但是已经按照有关规定获得经地方人民政府依法处理、整顿规范并符合要求的相关证明材料的,或者按照地方人民政府有关规定已经取得排污许可证的除外。

5. "其他"类,如未按照规定安装、使用自动监测设备并与生态环境主管部门监控设备联网,未按规定设置污染物排放口等。

1.2.2 管理类别的划分

1. 排污许可管理类别

根据《固定污染源排污许可分类管理名录(2019年版)》电池制造行业排污许可管理类别详见表4-1。

表4-1 电池行业排污许可管理类别一览表

行业类别	管理类别		
	重点管理	简化管理	登记管理
电池制造384	铅蓄电池制造3843	锂离子电池制造3841、镍氢电池制造3842、锌锰电池制造3844以及其他电池制造3849	—

2. 环评管理类别

根据《建设项目环境影响评价分类管理名录(2021年版)》电池制造行业环评类别详见表4-2。

表4-2 电池制造行业环评管理类别一览表

项目类别	环评类别		
	报告书	报告表	登记表
电池制造384	铅蓄电池制造 太阳能电池片生产 有电镀工艺的 年用溶剂型涂料(含稀释剂)10 t以上	其他(仅分割、焊接、组装的除外;年用非溶剂型低VOCs含量涂料10吨以下的除外)	—

2 主要标准及技术规范

1. 涉及的排污许可相关技术规范

排污许可申报优先执行本行业技术规范有关要求,本行业规范中未涉及的工序可参照总则及其他行业排污许可技术规范。

(1)《排污许可证申请与核发技术规范 电池工业》(HJ 967—2018)

(2)《排污许可证申请与核发技术规范 总则》(HJ 942—2018)

(3)《火电行业排污许可证申请与核发技术规范》:涉及执行《火电厂大气污染物排放标准》(GB 13223—2011)的生产设施或排放口

(4)《排污许可证申请与核发技术规范 锅炉》(HJ 953—2018):涉及执行《锅炉大气污染物排放标准》(GB 13271—2014)的生产设施或排放口

(5)《排污许可证申请与核发技术规范 工业固体废物(试行)》(HJ 1200—2021)

2. 涉及的自行监测技术指南

自行监测工作开展优先执行本行业技术指南有关要求,本行业指南中未涉及的工序可参照总则及其他行业自行监测技术指南。

(1)《排污单位自行监测技术指南 电池工业》(HJ 1204—2021)

(2)《排污单位自行监测技术指南 总则》(HJ 819—2017)

(3)《排污单位自行监测技术指南 火力发电及锅炉》(HJ 820—2017)

3. 涉及的排放标准

(1)《电池工业污染物排放标准》(GB 30484—2013)

(2)《大气污染物综合排放标准》(GB 16297—1996)

(3)《火电厂大气污染物排放标准》(GB 13223—2011)

(4)《锅炉大气污染物排放标准》(GB 13271—2014)

(5)其他相关地方标准

地方有更严格要求的,按地方标准执行。

3 铅蓄电池

3.1 主要产排污环节

铅蓄电池企业是主要以合金铅、电解铅等为原材料,通过制粉、板栅铸造、和膏、涂板、灌铅、化成、注酸等工序完成电池制造的企业,主要的废气污染物为颗粒物、铅及其化合物和硫酸雾。颗粒物主要来源于配料、制粉等环节;铅及化合物主要来源于制粉、板栅铸造、合膏等环节;硫酸雾主要来自化成和充电工序。主要的废水污染物来自水洗等工艺环节,主要污染物为化学需氧量、氨氮、悬浮物、总磷、总氮和总铅等。常见铅蓄电池生产工艺流程见图4-1。

具体工艺流程介绍如下:

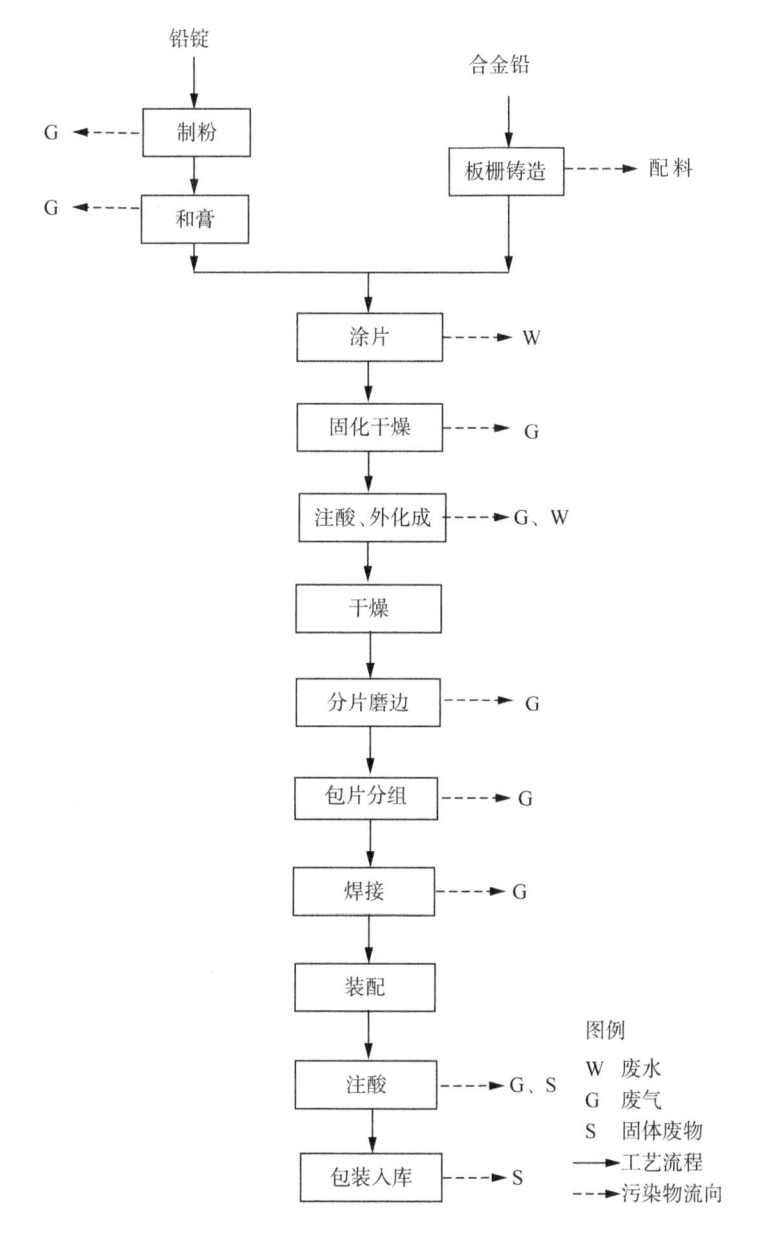

```
            铅锭                    合金铅
             ↓                       ↓
   G ←---- 制粉                  板栅铸造 ----→ 配料
             ↓                       ↓
   G ←---- 和膏                      │
             └──────────┬────────────┘
                        ↓
                       涂片  ----→ W
                        ↓
                      固化干燥 ----→ G
                        ↓
                     注酸、外化成 ----→ G、W
                        ↓
                       干燥
                        ↓
                      分片磨边 ----→ G
                        ↓
                      包片分组 ----→ G
                        ↓
                       焊接 ----→ G
                        ↓
                       装配
                        ↓                    图例
                       注酸 ----→ G、S       W  废水
                        ↓                    G  废气
                      包装入库 ----→ S        S  固体废物
                                             ──→ 工艺流程
                                             ---→ 污染物流向
```

图 4-1　常见铅蓄电池生产工艺流程图

1. 制粉：将原料铅锭磨成铅粉，该工序产生的污染物为含铅粉尘。

2. 板栅铸造：将合金铅经熔铅锅熔化后，在模具中浇铸成板栅片。依据不同的模具分别制成正极栅板和负极栅板，该工序产生含铅废气和固体废物铅渣。

3. 和膏：将铅粉、稀硫酸、纯水、膨胀剂、添加剂等用和膏机制成和膏。该工序加料与混合过程会有少量铅尘产生。

4. 涂片：将和好的铅膏、铸好的板栅在涂片机上进行涂片，后采用稀硫酸进行淋酸。涂片工序产生少量废水。

5. 固化干燥：将涂好的生极板进行固化干燥，形成固化好的生极板。该工序产生少量铅尘。

6. 注酸、化成：将固化好的生极片加入化成槽内，注酸通电使正极板铅膏发生氧化反应生成二氧化铅，负极铅膏发生阴极还原反应形成海绵状金属铅，化成后的极板为熟极板。在外化成工段产生含铅废水和硫酸雾废气。

7. 干燥：将外化成后的熟极板输送到干燥室用电加热干燥。

8. 分片磨边：将极板输送到分片机进行分片，同时打磨清除附着在极板周围的铅膏物质。该工序产生含尘废气。

9. 包片分组：将分片好的极板进行包片分组，将负极板隔板和正极板按正确的顺序和数量配组进行包片。该工序产生含尘废气。

10. 极群焊接：采用焊接机进行焊接，产生铅烟废气。

11. 装配：将焊接好的极群放入电池槽，将单体电池联成电池组，对电池组进行封盖，使电池槽口和塑料盖的底部粘合成一个整体，该工序无污染物产生。

12. 灌酸、包装：将配好的硫酸电解液注入电池内，再通以直流电充电，该工序会产生极少量注液气体。注液过程需先用电解液冲洗管道，产生废电解液。再将合格的电池包装成品出库，不合格的废电池作为固体废物处理。

3.2 行业污染排放情况

1. 大气污染物

铅蓄电池制造业污染物排放情况如下表 4-3，废气排放口分为主要排放口和一般排放口，其中铅蓄电池生产过程中铅粉制造工序、和膏工序、板栅铸造、灌粉工序（管式电极）、组装车间（含分片、刷片、称片、包片、焊接工序）的排放口均为主要排放口，其余为一般排放口。主要污染物为颗粒物和铅及其化合物，以有组织或无组织的形式排放。

表 4-3 铅蓄电池制造产排污环节、大气污染物种类、排口类型及执行标准一览表

主要工序	主要生产设施	产排污环节	排放形式	污染物因子	排口类型	执行标准
原料	供卸料设施、原料堆放场	卸料、运输	无组织	颗粒物	—	《电池工业污染物排放标准》(GB 30484—2013)
制粉	熔铅炉	熔铅废气	有组织	铅及其化合物、颗粒物	主要排放口	
制粉	球磨机	制粉废气	有组织	铅及其化合物、颗粒物	主要排放口	
和膏	和膏机	和膏废气	有组织	铅及其化合物、颗粒物	主要排放口	
板栅铸造	熔铅锅、浇铸机	熔铅废气	有组织	铅及其化合物、颗粒物	主要排放口	
灌粉（管式电极）	灌粉机、挤膏机	灌粉废气	有组织	铅及其化合物、颗粒物	主要排放口	
外化成	充放电机	化成废气	有组织	硫酸雾	一般排放口	
分片、刷片	自动切刷耳机、刷耳分片机	分片、刷片废气	有组织	铅及其化合物、颗粒物	主要排放口	
称片	称片机	称片废气	有组织	铅及其化合物、颗粒物	主要排放口	
包片	包片机	包片废气	有组织	铅及其化合物、颗粒物	主要排放口	

续表

主要工序	主要生产设施	产排污环节	排放形式	污染物因子	排口类型	执行标准
焊接	焊接机	焊接废气	有组织	铅及其化合物、颗粒物	主要排放口	《电池工业污染物排放标准》(GB 30484—2013)
充放电	充放电机	充放电硫酸雾	有组织	硫酸雾	一般排放口	

2. 水污染物

铅蓄电池制造业水污染物排放情况如下表4-4，排污单位废水排放口分为主要排放口和一般排放口。铅蓄电池车间或车间处理设施排放口、废水总排口为主要排放口，其余为一般排放口。主要污染物为pH、悬浮物、化学需氧量、氨氮、总氮、总磷、总铅、总镉。

表4-4　铅蓄电池制造废水排放去向、水污染物种类、排口类型及执行标准一览表

废水类别	排放去向	污染物因子	排口类型	执行标准
车间生产废水	车间或车间污水处理设施	总铅	主要排放口	《电池工业污染物排放标准》(GB 30484—2013)
初期雨水	车间或车间污水处理设施	总铅	主要排放口	《电池工业污染物排放标准》(GB 30484—2013)
生活污水	厂内综合污水处理设施	pH、悬浮物、化学需氧量、氨氮、总氮、总磷	—	—
	市政污水处理厂[1]			
厂内综合污水处理设施出水	不外排	pH、悬浮物、化学需氧量、氨氮、总氮、总磷、总铅、总镉[2]	—	—
	入江湖等		主要排放口	《电池工业污染物排放标准》(GB 30484—2013)
	进入工业园区废水集中处理设施等		主要排放口	

注：1. 单独排向城镇污水集中处理设施的生活污水仅说明排放去向。
　　2. 适用于使用含镉原料的铅蓄电池行业排污单位。

3. 固体废弃物

铅蓄电池排污单位一般固体废弃物和危险废物的种类和来源见表4-5。

表4-5　铅蓄电池制造一般固体废弃物和危险废物的种类和来源

类别	来源	种类
一般工业固体废物	生产车间	不含重金属的废零件，包装环节产生的废包材等。
危险废物	生产车间、废水/废气处理设施	生产过程中产生的废渣、集(除)尘装置收集的粉尘和废水处理污泥；废弃的铅蓄电池；含铅废气末端治理设施更换耗材产生的废滤料、废滤筒、废布袋、废活性炭，纯水制备或废水深度处理环节产生的废树脂等。

3.3 自行监测

铅蓄电池企业废气、废水及噪声主要参照《排污单位自行监测指南 电池工业》(HJ 1204—2021)、排污许可证、环评文件及批复等要求确定的监测内容，周边环境质量影响监测主要参照排污单位环评文件、环评批复及其他环境管理要求确定监测内容。其中，废气监测须按相关标准分析方法、技术规范同步监测烟气参数；设区的市级及以上生态环境主管部门明确要求安装自动监测设备的污染物指标，须采取自动监测，具体见表4-6。

表 4-6　铅蓄电池制造自行监测相关内容一览表

污染物类型	产污环节	监测点位	监测指标	最低监测频次（废水监测频次分直接和间接排放）	
				直接排放	间接排放
有组织废气[1]	板栅制造	熔铅锅、浇铸机排气筒（重力浇铸板栅制造工艺）	铅及其化合物	月	
			颗粒物	半年	
		熔铅锅排气筒（连续板栅制造工艺）	铅及其化合物	月	
			颗粒物	半年	
	制粉	熔铅造粒机、球磨机排气筒	铅及其化合物	月	
			颗粒物	半年	
	和膏	和膏机排气筒	铅及其化合物	月	
			颗粒物	半年	
	灌粉（管式电极）	灌粉机排气筒	铅及其化合物	月	
			颗粒物	半年	
	分片、刷片	分片机、刷片机排气筒	铅及其化合物	月	
			颗粒物	半年	
	称片	称片机排气筒	铅及其化合物	月	
			颗粒物	半年	
	包片	包片机排气筒	铅及其化合物	月	
			颗粒物	半年	
	配组	配组机排气筒	铅及其化合物	月	
			颗粒物	半年	
	焊接	烧焊机、铸焊机排气筒	铅及其化合物	月	
			颗粒物	半年	
	铅零件铸造	铅零件铸造机排气筒	铅及其化合物	月	
			颗粒物	半年	
	化成	化成槽排气筒（外化成）	硫酸雾	季度	
		充电化成架排气筒（内化成）	硫酸雾	季度	
无组织废气	—	厂界	铅及其化合物	半年	
			硫酸雾	半年	
废水	—	车间或车间处理设施排放口	流量	自动监测	
			总铅	自动监测（日[2]）	
			总镉[3]	年	
		废水总排放口	流量、pH、化学需氧量、氨氮	自动监测	
			悬浮物	月	季度
			总磷、总氮	季度（日[4]）	半年（日[4]）

续表

污染物类型	产污环节	监测点位	监测指标	最低监测频次(废水监测频次分直接和间接排放) 直接排放	间接排放
废水	—	生活污水排放口	流量、pH、化学需氧量、悬浮物、氨氮、总磷、总氮	月	
		雨水排放口	pH、总铅	月(季度5)	
噪声	—	厂界	LeqA	季度	
周边环境质量	—	环境空气	铅等	半年	
		地表水	pH、铅	季度	
		海水	pH、铅	半年	
		土壤	pH、铅	年	
		地下水	pH、铅	年	

注:1. 单独设置车间废气收集处理设施的排污单位,监测指标及频次按对应产污环节要求执行。
2. 铅水质自动监测技术规范发布前,总铅最低监测频次按日执行。
3. 适用于使用含镉原料的铅蓄电池行业排污单位。
4. 水环境质量中总氮/总磷实施总量控制的区域最低监测频次按日执行。
5. 雨水排放口有流动水排放时按月监测。若监测一年无异常情况,可放宽至每季度开展一次监测。

3.4 总量核算

总量核算包括许可排放量的计算和实际排放量的计算。对于许可排放量,按照国家或地方污染物排放标准等法律法规和管理制度要求,按照从严原则确定许可排放浓度,依据总量控制指标及《排污许可证申请与核发技术规范 电池工业》(HJ 967—2018)规定的方法从严确定许可排放量。2015年1月1日(含)后取得环境影响评价批复的电池工业排污单位,许可排放限值还应同时满足环境影响评价文件和批复的要求。

计算实际排放量时,排污许可证要求应采用自动监测的污染物项目,根据符合监测规范的有效自动监测数据采用实测法核算实际排放量。对于排污许可证未要求采用自动监测的污染物项目,按照优先顺序依次选取自动监测数据、执法和手工监测数据核算实际排放量。监测数据应符合国家环境监测相关标准技术规范要求。对于排污许可证中载明要求应当采用自动监测的排放口或污染因子而未采用的,采用产污系数法核算污染物排放量,且均按直接排放进行核算。

3.4.1 大气污染物

1. 许可排放量计算方法

铅蓄电池工业排污单位主要排放口主要许可废气中铅及其化合物的许可排放量。许可排放量包括年许可排放量和特殊时段许可排放量,其中特殊时段许可排放量为日许可排放量。

(1)年许可排放量

铅蓄电池排污单位应明确主要排口,铅蓄电池生产过程中涉及铅粉制造工序(含熔铅造粒)、和膏工序、板栅铸造工序、灌粉工序(管式电极)、组装车间(含分片、刷片工序,称片、包片工序,焊接工序)的排放口为主要排放口。

铅蓄电池排污单位主要排放口废气中铅及其化合物的年许可排放量按公式(4-1)计算。

$$E = Q \times A \times 10^{-2} \tag{4-1}$$

式中:

E 为废气中铅的年许可排放量,t/a;

A 为不同类型企业废气中铅的排放绩效限值,g/kVAh,按表 4-7 取值;

Q 为铅蓄电池产品产能,万 kVAh。

表 4-7 铅蓄电池企业废气中铅及其化合物排放绩效

序号	企业类型	废气中铅的排放绩效(g/kVAh)
1	极板制造+组装	0.1
2	极板制造	0.06
3	组装	0.04

(2) 特殊时段许可排放量

排污单位应按照国家或所在地区人民政府制定的重污染天气应急预案等文件,根据停产、减产、减排等要求,确定特殊时段许可日排放量。国家和地方生态环境主管部门依法规定的其他特殊时段许可排放量应在排污许可证中明确。特殊时段日(月)许可排放量根据排放单位前一年实际排放量折算的日(月)均值,特殊时段产量或排放量消减比例核算,核算方法见式(4-2):

$$E_{日许可} = E_{日均排放量} \times (1 - \alpha) \tag{4-2}$$

式中:

$E_{日许可}$ 为排污单位重污染天气应对期间日许可排放量,t/d;

$E_{日均排放量}$ 为排污单位前一年环境统计实际排放量折算的日均值,t/d;

α 为重污染天气应对期间日产量或排放量减少比例,%。

2. 实际排放量计算方法

铅蓄电池排污单位有组织排放铅及其化合物的实际排放量应按式(4-3)核算。

$$E_j = \sum_{i=1}^{n} E_{ij} \tag{4-3}$$

式中:

E_j 为核算时段内排污单位第 j 项大气污染物的实际排放量,t;

E_{ij} 为核算时段内排污单位第 i 个主要排放口第 j 项大气污染物的实际排放量,t。

(1) 正常排放

① 自动监测

自动监测实测法是指根据符合监测规范的有效自动监测数据污染物的小时平均排放浓度、平均烟气量、运行时间核算污染物年排放量,某主要排放口某项大气污染物实际排放量的核算方法见式(4-4)：

$$E_{ij} = \sum_{k=1}^{m}(c_k \times q_k \times 10^{-9}) \quad (4-4)$$

式中：

E_{ij} 为核算时段内排污单位第 i 个主要排放口第 j 项大气污染物的实际排放量，t；

c_k 为核算时段内排污单位第 i 个主要排放口第 j 项大气污染物第 k 小时的自动实测平均排放浓度（标态），mg/Nm³；

q_k 为核算时段内排污单位第 i 个主要排放口第 k 小时的标准状态下干排气量（标态），Nm³/h；

m 为核算时段内某排放口的大气污染物排放时间，h。

对于因自动监控设施发生故障以及其他情况导致数据缺失的按照 HJ/T 75—2017 进行补遗。缺失时段超过25%的，自动监测数据不能作为核算实际排放量的依据。实际排放量按照"要求采用自动监测的排放口或污染因子而未采用"的相关规定进行计算。对于出现在线数据缺失或者数据异常等情况的排污单位，若排污单位能提供材料充分证明不是排污单位责任的，可按照排污单位提供的手工监测数据等核算实际排放量，或者按照上一季度申报期间的稳定运行期间自动监测数据的小时浓度均值和季度平均烟气量，核算数据缺失时段的实际排放量。

② 手工监测

手工监测实测法是指根据每次手工监测时段内每小时污染物的平均排放浓度、平均烟气量、运行时间核算污染物年排放量，核算方法见式(4-5)和式(4-6)。手工监测数据包括核算时间内的所有执法监测数据和排污单位自行或委托的有效手工监测数据。

$$E = c \times q \times h \times 10^{-9} \quad (4-5)$$

$$c = \frac{\sum_{i=1}^{n}(c_i \times q_i)}{\sum_{i=1}^{n} q_i}, q = \frac{\sum_{i=1}^{n}(q_i)}{n} \quad (4-6)$$

式中：

E 为核算时段内某主要排放口某项大气污染物的实际排放量，t；

c 为核算时段内某主要排放口某项大气污染物的实测小时加权平均排放浓度（标态），mg/Nm³；

q 为核算时段内某主要排放口的标准状态下小时平均干排气量，Nm³/h；

c_i 为核算时段内第 i 次监测的小时监测浓度（标态），mg/Nm³；

q_i 为核算时段内第 i 次监测的标准状态下小时干排气量（标态），Nm³/h；

n 为核算时段内取样监测次数，量纲一；

h 为核算时段内某主要排放口的大气污染物排放时间，h。

③ 产污系数法

产污系数法是指根据产品产量、污染物产污系数核算污染物排放量，按照公式(4-7)

核算。废气中的铅及其化合物的产污系数参考表 4-8。

$$E = Q \times G_a \times 10^{-3} \qquad (4-7)$$

式中：

　　E 为核算时段内企业废气中污染物的实际排放量，t；

　　Q 为核算时段内企业实际产品产量，万 kVAh；

　　G_a 单位产品废气中铅及其化合物的产污系数，kg/万 kVAh。

表 4-8 铅蓄电池工业废气中铅及其化合物产排污系数表

产品名称	工艺名称	规模等级	产污系数 (kg/万 kVAh)	末端治理技术名称	排污系数 (kg/万 kVAh)
起动型铅蓄电池	汽车用、外化成、极板制造＋组装	所有规模	124.76	布袋除尘＋湿法喷淋	1.022
				布袋除尘	1.226
				布袋除尘＋高效过滤	0.868
	摩托车用、外化成、极板制造＋组装	所有规模	134.74	布袋除尘＋湿法喷淋	1.104
				布袋除尘	1.324
				布袋除尘＋高效过滤	0.93
起动型铅蓄电池	内化成、极板制造＋组装	>50 万 kVAh	124.76	布袋除尘＋湿法喷淋	1.022
				布袋除尘	1.226
				布袋除尘＋高效过滤	0.868
		≤50 万 kVAh	149.71	布袋除尘＋湿法喷淋	1.226
				布袋除尘	1.471
				布袋除尘＋高效过滤	1.042
工业铅蓄电池	极板制造＋组装	>50 万 kVAh	155.95	布袋除尘＋湿法喷淋	1.277
				布袋除尘	1.532
				布袋除尘＋高效过滤	1.086
		≤50 万 kVAh	187.14	布袋除尘＋湿法喷淋	1.532
				布袋除尘	1.839
				布袋除尘＋高效过滤	1.303
动力铅蓄电池	极板制造＋组装	>50 万 kVAh	171.55	布袋除尘＋湿法喷淋	1.405
				布袋除尘	1.686
				布袋除尘＋高效过滤	1.194
		≤50 万 kVAh	205.85	布袋除尘＋湿法喷淋	1.686
				布袋除尘	2.023
				布袋除尘＋高效过滤	1.433

（2）非正常情况

铅蓄电池排污单位废气处理设施非正常情况下的污染物排放量采用实测法核算排放量，参见公式(4-4)。无法采用实测法计算的，采用产污系数法核算其他污染物的排放量,且均按直接排放进行核算。

3. 废气污染物排放量核算案例

某铅蓄电池有限公司新型环保铅蓄电池生产项目于2018年取得环评报告的批复,公司主要生产新型环保蓄电池,设计产能为22万kVAh/年,全厂共3个废气排放口,其中2个铅及其化合物排放口,1个硫酸雾排放口。

(1) 大气污染物年许可排放量的计算

① 废气主要排放口的确定

根据《排污许可证申请与核发技术规范 电池工业》(HJ 967—2018)涉及铅粉制造工序、和膏工序、板栅铸造、灌粉工序(管式电极)、组装车间(含分片、刷片、称片、包片、焊接工序)的排放口为主要排放口,需计算许可排放量,硫酸雾排口为一般排放口,不需要计算许可排放量。

② 参数的确定

Ⅰ. 不同类型企业废气中铅的排放绩效限值

根据环评及相关工艺,极板制造排放口排放绩效为0.06 g/kVAh;组装排放口排放绩效为0.04 g/kVAh。

Ⅱ. 铅蓄电池产品产能

极板制造产能为22万kVAh,组装产能为22万kVAh。

③ 计算过程

$E_1 = 22 \times 0.04 \times 0.01 = 0.008\ 8$ t/a

$E_2 = 22 \times 0.06 \times 0.01 = 0.013\ 2$ t/a

$E_总 = 0.008\ 8 + 0.013\ 2 = 0.022$ t/a

④ 与环评批复进行比较

2015年1月1日(含)后取得环境影响评价批复的铅蓄电池排污单位,许可排放限值还应同时满足环境影响评价文件和批复的要求。查阅企业环评批复,企业全厂铅及其化合物的批复量为0.017 8 t/a,因此将环评批复量、按照核发技术规范的核算量进行比较取严作为企业大气污染物的许可排量,详见表4-9。

表4-9 大气主要污染物总量情况

污染物	环评批复量(t/a)	规范计算量(t/a)	许可排放量(t/a)
铅及其化合物	0.017 8	0.022	0.017 8

上表可见,企业最终核定铅及其化合物的许可排放量为0.017 8 t/a。

(2) 大气污染物实际排放量的计算

企业采用手工监测数据进行实际排放量的核算。根据《排污单位自行监测技术指南 电池工业》(HJ 1204—2021)铅及其化合物每月监测一次。监测数据见表4-10至表4-11。

表4-10 DA001排放口2021年1—12月铅及其化合物监测数据

监测日期	污染物	污染物浓度(mg/Nm³)	标干烟气量(Nm³/h)
1.16	铅及其化合物	0.081	9 523
2.15	铅及其化合物	0.098	8 977

续表

监测日期	污染物	污染物浓度（mg/Nm³）	标干烟气量（Nm³/h）
3.17	铅及其化合物	0.093	9 274
4.16	铅及其化合物	0.094	9 314
5.13	铅及其化合物	0.091	9 409
6.17	铅及其化合物	0.092	8 931
7.14	铅及其化合物	0.087 3	9 215
8.15	铅及其化合物	0.089 3	9 241
9.16	铅及其化合物	0.089 3	9 122
10.14	铅及其化合物	0.09	9 017
11.15	铅及其化合物	0.091	9 107
12.16	铅及其化合物	0.093	9 111

$$C_{DA001铅及其化合物}=\frac{0.081\times 9\,523+0.098\times 8\,977+\cdots+0.093\times 9\,111}{9\,523+8\,977+\cdots 9\,111}\approx 0.090\,7\ mg/Nm^3$$

$$q_{DA001铅及其化合物}=\frac{9\,523+8\,977+\cdots+9\,111}{12}=9\,186.75\ Nm^3/h$$

企业铅及其化合物年污染物排放时间为 2 400 小时，由此可计算 DA001 排口的实际排放量为：

$$E_{DA001铅及其化合物}=0.090\,7\times 9\,186.75\times 2\,400\times 10^{-9}\approx 0.002\,0\ t/a$$

表 4-11　DA002 排放口 2021 年 1—12 月铅及其化合物监测数据

监测日期	污染物	污染物浓度（mg/Nm³）	标干烟气量（Nm³/h）
1.16	铅及其化合物	0.094	9 623
2.15	铅及其化合物	0.097	9 296
3.17	铅及其化合物	0.099	9 574
4.16	铅及其化合物	0.094	9 314
5.13	铅及其化合物	0.095	9 412
6.17	铅及其化合物	0.094	9 338
7.14	铅及其化合物	0.087 9	9 215
8.15	铅及其化合物	0.093	9 241
9.16	铅及其化合物	0.094	9 167
10.14	铅及其化合物	0.094	9 263
11.15	铅及其化合物	0.094 6	9 143
12.16	铅及其化合物	0.095 2	9 192

$$C_{DA002铅及其化合物}=\frac{0.094\times 9\,623+0.097\times 9\,296+\cdots+0.095\,2\times 9\,192}{9\,623+9\,296+\cdots+9\,192}\approx 0.094\,3\ mg/Nm^3$$

$$q_{DA002铅及其化合物}=\frac{9\,623+9\,626+\cdots+9\,192}{12}\approx 9314.83\ Nm^3/h$$

企业铅及其化合物年污染物排放时间为 2 400 小时,由此可计算 DA002 排口的实际排放量为:

$$E_{DA002铅及其化合物} = 0.094\ 3 \times 9\ 314.83 \times 2\ 400 \times 10^{-9} \approx 0.002\ 1\ t/a$$

全厂铅及其化合物年污染物实际排放量为:

$$E_{总} = E_{DA001铅及其化合物} + E_{DA002铅及其化合物} = 0.002\ 0 + 0.002\ 1 = 0.004\ 1\ t/a$$

手工监测时段内生产负荷为环评中设计生产负荷的 81% 左右,核算时段内企业平均生产负荷为环评中设计生产负荷的 85% 左右,对比结果见表 4-12。由此可见,企业实际排放量可满足许可排放量要求。

表 4-12　生产负荷及排放量对比

污染物	监测时段生产负荷	实际排放量(t/a)	核算时段平均生产负荷	许可排放量(t/a)	实际排放量占许可排放量之比
铅及其化合物	81%	0.004 1	85%	0.017 8	23%

3.4.2　水污染物

1. 许可排放量计算方法

水染物年许可排放量根据水污染物许可排放浓度限值、单位产品基准排水量和设计产能进行核算,铅蓄电池排污单位车间及车间处理设施排放口、废水总排口为主要排放口,其中总铅年许可排放量为车间或车间处理设施排放口年许可排放量,化学需氧量、氨氮年许可排放量为企业废水总排放口年许可排放量。

废水主要排放口年许可排放量按公式(4-8)计算:

$$D_j = C_j \times Q_j \times R \times 10^{-6} \tag{4-8}$$

式中:

D_j 为主要排放口第 j 种水污染物年许可排放量,t/a;

C_j 为第 j 种水污染物年许可排放浓度限值,mg/L;

Q_j 为主要排放口第 j 种单位产品基准排放量,取值参见表 4-13;地方有更严格排放标准要求的,按照地方排放标准从严确定;

R 为主要产品的设计产能。

表 4-13　基准排水量取值表

序号	排放口	排放口类型	单位产品基本排水量(m³/kVAh)	
铅蓄电池	车间或车间处理设施排放口	主要排放口	极板制造+组装	0.16
			极板制造	0.14
			组装	0.02
	总排口	主要排放口	极板制造+组装	0.2
			极板制造	0.18
			组装	0.025

2. 实际排放量计算方法

（1）正常排放

① 自动监测

铅蓄电池工业排污单位车间及车间处理设施排放口装有总铅、废水总排放口装有化学需氧量和氨氮的自动监测设备的，采取自动监测数据核算车间及车间处理设施排放口总铅，废水总排放口化学需氧量、氨氮的实际排放量。

废水自动监测实测法是指根据符合监测规范的有效自动监测数据污染物的日平均排放浓度、平均流量、运行时间核算污染物年排放量，核算方法见式(4-9)。

$$E_j = \sum_{i=1}^{T}(C_{i,j} \times Q_i) \times 10^{-6} \quad (4-9)$$

式中：

E_j 为核算时段内主要排放口第 j 项污染物的实际排放量，t；

$C_{i,j}$ 为第 j 项污染物在第 i 日的实测平均排放浓度，mg/L；

Q_i 为第 i 日的流量，m³/d；

T 为核算时段内的污染物排放时间，d。

对于因自动监控设施发生故障以及其他情况导致数据缺失的按照 HJ/T 75—2017 进行补遗。缺失时段超过 25% 的，自动监测数据不能作为核算实际排放量的依据。

② 手工监测

手工监测实测法是指根据每次手工监测时段内每日污染物的平均排放浓度、平均排水量、运行时间核算污染物年排放量，核算方法见式(4-10)和式(4-11)。手工监测数据包括核算时间内的所有执法监测数据和排污单位自行或委托的有效手工监测数据。排污单位自行或委托的手工监测频次、监测期间生产工况、数据有效性等须符合相关规范文件等要求。排污单位应将手工监测时段内生产负荷与核算时段内的平均生产负荷进行对比，并给出对比结果。

$$E = c \times q \times h \times 10^{-6} \quad (4-10)$$

$$c = \frac{\sum_{i=1}^{n}(c_i \times q_i)}{\sum_{i=1}^{n} q_i}, q = \frac{\sum_{i=1}^{n} q_i}{n} \quad (4-11)$$

式中：

E 为核算时段内主要排放口水污染物的实际排放量，t；

c 为核算时段内主要排放口水污染物的实测日加权平均排放浓度，mg/L；

q 为核算时段内主要排放口的日平均排水量，m³/d；

c_i 为核算时段内第 i 次监测的日监测浓度，mg/L；

q_i 为核算时段内第 i 次监测的日排水量，m³/d；

n 为核算时段内取样监测次数，量纲一；

h 为核算时段内主要排放口的水污染物排放时间，d。

③ 产污系数法

采用产污系数法核算实际排放量的污染物,按照式(4-12)核算,铅蓄电池排污单位废水中化学需氧量、总铅的产污系数,参考《污染源普查产排污系数手册(下)》(中国环境出版社 2011 年 9 月第 1 版)中铅蓄制造业对应的系数,见表 4-14。

$$E_j = Q \times G_{wi} \times 10^{-3} \tag{4-12}$$

式中:

E_j 为核算时段内主要排放口某项水污染物的实际排放量,kg;

Q 为核算时段内实际产品产量产能,铅蓄电池排污单位为万 kVAh;

G_{wi} 废水中第 i 种污染物的产污系数,铅蓄电池排污单位为 g/万 kVAh。

表 4-14 铅蓄工业废水中化学需氧量、铅产排污系数表

产品名称	工艺名称	规模等级	污染物指标	产污系数 (g/万 kVAh)	末端治理技术名称	排污系数 (g/万 kVAh)
起动型 铅蓄电池	汽车用、外化成、极板制造＋组装	所有规模	化学需氧量	169 855	化学混凝沉淀法＋中和法	27 085.2
			铅	6 140	化学混凝沉淀法＋中和法	222.55
	摩托车用、外化成、极板制造＋组装	所有规模	化学需氧量	222 673.8	化学混凝沉淀法＋中和法	48 978.6
			铅	9 331.1	化学混凝沉淀法＋中和法	266.8
起动型 铅蓄电池	内化成、极板制造＋组装	>50 万 kVAh	化学需氧量	50 960.3	化学混凝沉淀法＋中和法	14 475.9
			铅	3 475.8	化学混凝沉淀法＋中和法	207.6
工业铅 蓄电池	极板制造＋组装	>50 万 kVAh	化学需氧量	114 597.05	化学混凝沉淀法＋中和法	19 533.075
			铅	4 782.6	化学混凝沉淀法＋中和法	188.85
动力铅 蓄电池	极板制造＋组装	>50 万 kVAh	化学需氧量	105 264.75	化学混凝沉淀法＋中和法	13 723.75
			铅	2 533.65	化学混凝沉淀法＋中和法	178.05
		≤50 万 kVAh	化学需氧量	146 811.45	化学混凝沉淀法＋中和法	15 019.1
					直排	146 811.45
			铅	3 076.4	化学混凝沉淀法＋中和法	241
					直排	3 076.4

氨氮产污系数按照式(4-13)核算,氨氮的产污系数采用《污染源普查产排污系数手册(下)》城镇生活源产排污系数中对应的系数,见表 4-15 至表 4-19。

$$N = P \times K \times D \tag{4-13}$$

式中:

N 为核算时段内主要排放口氨氮水污染物的实际排放量,g;

P 为核算时段内企业内职工人数,人;

K 为氨氮产污系数,g/(d·人);

D 为核算时段内企业正常运营天数,d。

表4-15　一区(黑龙江、吉林、辽宁、内蒙古、山西、河北、北京、天津)氨氮产污系数

城市类别	污染物指标	单位	产生系数
一类	氨氮	克/(人·天)	9.5
二类			8.8
三类			8.1
四类			7.7
五类			7.2

表4-16　二区(山东、江苏、上海、浙江、福建、广东、广西、海南)氨氮产污系数

城市类别	污染物指标	单位	产生系数
一类	氨氮	克/(人·天)	9.7
二类			9.1
三类			8.2
四类			7.9
五类			7.4

表4-17　三区(河南、湖北、湖南、江西、安徽)氨氮产污系数

城市类别	污染物指标	单位	产生系数
一类	氨氮	克/(人·天)	8.8
二类			8.3
三类			7.6
四类			7.4
五类			7.2

表4-18　四区(重庆、四川、贵州、云南)氨氮产污系数

城市类别	污染物指标	单位	产生系数
一类	氨氮	克/(人·天)	9.6
二类			9.0
三类			8.3
四类			8.0
五类			7.5

表4-19　五区(陕西、宁夏、甘肃、青海、新疆、西藏)氨氮产污系数

城市类别	污染物指标	单位	产生系数
一类	氨氮	克/(人·天)	8.3
二类			8.0
三类			7.7
四类			7.6
五类			7.3

注:各区城市类别见《污染源普查产排污系数手册(下)》城镇生活源产排污系数部分附表1。

(2) 非正常情况

废水处理设施非正常情况下的排水,如无法满足排放标准要求时,不应直接排入外环境,待废水处理设施恢复正常运行后方可排放。如因特殊原因造成污染治理设施未正常运行超标排放污染物的,按产污系数法公式(4-12)、(4-13)核算非正常情况期间的实际排放量,核算时段为未正常运行时段。

3. 废水污染物排放量核算案例

某生产铅蓄电池的公司于2018年6月建成投产,设有1个车间生产废水排放口和1个废水总排口,废水总排口接管至污水处理厂处理后排放。设计产能为22万kVAh。

(1) 废水污染物许可排放量的计算

① 废水主要排放口的确定

根据《排污许可证申请与核发技术规范 电池工业》(HJ 967—2018)铅蓄电池的车间或车间处理设施排放口、废水总排口为主要排放口,其余为一般排放口,因此该公司具有2个废水主要排放口。

② 参数的确定

Ⅰ. 水污染物许可排放浓度限值

由于该企业不位于执行水污染物特别排放限值的区域范围内,且于2018年建成投产,总排口的废水接管至污水处理厂,因此化学需氧量和氨氮执行《电池工业污染物排放标准》(GB 30484—2013)表2中排放浓度限值的间接排放标准,总铅执行直接排放标准,具体见表4-20。

表4-20 水污染物排放限值

序号	排放口	监测指标	许可排放浓度限值(mg/L)
1	废水总排口	化学需氧量	150
2	废水总排口	氨氮	30
3	车间生产废水排放口	总铅	0.5

Ⅱ. 主要排放口单位产品基准排水量

铅蓄电池车间或车间处理设施排放口,单位产品基准排水0.16 m³/kVAh;总排口单位产品基准排水量取值0.2 m³/kVAh。

Ⅲ. 主要产品的设计产能

设计产能取值22万kVAh。

③ 计算过程

$D_{化学需氧量} = 150 \times 0.2 \times 220\,000 \times 10^{-6} = 6.6 \text{ t/a}$

$D_{氨氮} = 30 \times 0.2 \times 220\,000 \times 10^{-6} = 1.32 \text{ t/a}$

$D_{总铅} = 0.5 \times 0.16 \times 220\,000 \times 10^{-6} = 0.017\,6 \text{ t/a}$

④ 与环评批复进行比较

2015年1月1日(含)后取得环境影响评价批复的排污单位,许可排放限值还应同时满足环境影响评价文件和批复的要求,因此将按照核发技术规范的核算量和环评批复量进行比较取严作为企业水主要污染物的许可排放量,具体见表 4-21。

表 4-21 水主要污染物总量情况

污染物	环评批复量(t/a)	规范计算量(t/a)	许可排放量(t/a)
总铅	0.000 495	0.017 6	0.000 495
化学需氧量	0.185 9	6.6	0.185 9
氨氮	0.037 18	1.32	0.037 18

综上,总铅许可排放量为 0.000 495 t/a,化学需氧量许可排放量为 0.185 9 t/a,氨氮许可排放量为 0.037 18 t/a。

(2) 废水污染物实际排放量的计算

废水排口已按要求安装自动监测设备,企业采用自动监测数据进行实际排放量的核算。通过在线平台查询该企业 2021 年日均浓度和日均废水量数据,计算可得实际排放量。

$$E_{化学需氧量} = \sum (C_{化学需氧量日均浓度} \times Q_{日均废水量}) \times 10^{-6} = 0.032\ 4\ \text{t/a}$$

$$E_{氨氮} = \sum (C_{氨氮日均浓度} \times Q_{日均废水量}) \times 10^{-6} = 0.005\ 33\ \text{t/a}$$

$$E_{总铅} = \sum (C_{总铅日均浓度} \times Q_{日均废水量}) \times 10^{-6} = 0.000\ 145\ 8\ \text{t/a}$$

安装在线监测设备的污染物实际排放量与许可排放量对比情况见表 4-22。

表 4-22 安装在线监测设备的污染物实际排放量与许可排放量对比

污染物	实际排放量(t/a)	许可排放量(t/a)	实际排放量占许可排放量之比
化学需氧量	0.032 4	0.185 9	17%
氨氮	0.005 33	0.037 18	14%
总铅	0.000 145 8	0.000 495	29%

3.5 许可证核发及监管技术要点

1. 管理类别的判定

根据《固定污染源排污许可分类管理名录(2019 年版)》,铅蓄电池制造企业均属于重点管理。

2. 排放口的判定

(1) 废气排放口

铅蓄电池制造企业涉及铅粉制造工序(含熔铅造粒)、和膏工序、板栅铸造工序、灌粉工序(管式电极)、组装车间(含分片、刷片工序,称片、包片工序、焊接工序)的排放口均为主要排放口,其余排放口为一般排放口。

(2) 废水排放口

铅蓄电池排污单位的车间或车间处理设施排放口、废水总排放口均为主要排放口。仅有生活污水排放口也应在系统中进行填报,单独排入城镇污水处理厂和工业污水处理厂的生活污水,仅说明排放去向即可。

废水在填报时需根据实际情况填报以下几种废水类别:车间或车间污水处理设施出水、生活污水、厂内综合污水处理设施出水、初期雨水。排污单位一般只填报车间或车间污水处理设施出水或厂内综合处理设施出水,易遗漏生活污水和初期雨水废水类别。

3. 污染因子的识别

依据相应行业排污许可技术规范及环评文件、批复中明确的污染因子,全面准确识别废水、废气污染因子。

(1) 废气污染物

铅蓄电池涉及板栅制造、制粉、和膏、灌粉、分片刷片、称片、包片、配组、焊接、铅零件铸造等工序需监测颗粒物和铅及其化合物,有的企业容易遗漏颗粒物。

(2) 废水污染物

针对废水的种类和来源识别、填报相应的污染物。有的企业会遗漏部分污染因子,如使用含镉为原料的铅蓄电池排污单位,需在车间或车间处理设施排放口补充总镉污染因子。

4. 排放标准及限值的判定

根据企业所排放的废气、废水污染物,选择相应的标准,标准的填报要完整、准确。

(1) 废气污染物

铅蓄电池涉及的板栅制造、制粉、和膏、灌粉、分片刷片、称片、包片、配组、焊接、铅零件铸造等工序按《电池工业污染物排放标准》(GB 30484—2013)执行相应的排放浓度,涉及其他工序的排放口,对照相应的地方标准及行业标准执行排放限值。

(2) 废水污染物

一般企业都是接管至污水处理厂,废水总排口应参照间接排放的浓度限值(除地方明确要求需参照直排排放标准以外)。在许可证审核过程中发现,时常出现将废水接入污水处理厂的企业未将排水协议中相关污染物的接管标准进行填报的情况。

5. 自行监测的核实

2015年1月1日(含)以后取得环评审批意见的企业还应根据环评文件有关要求制定监测方案,部分企业未参照环评要求的频次开展自行监测工作。对于气污染物,排污单位涉及板栅制造、制粉、和膏、灌粉、分片刷片、称片、包片、配组、焊接、铅零件铸造等工序需监测颗粒物和铅及其化合物,易遗漏颗粒物污染因子;对于水污染物,废水易遗漏车间或车间处理设施排放口和雨水排口的监测。

如某企业涉及废水总排口、车间或车间处理设施排放口和雨水排放口,其只填报了废水总排口的监测内容,遗漏了车间或车间处理设施排放口和雨水排放口的监测内容。

6. 总量核算的准确性

涉及铅蓄电池企业,部分企业将化成或充放电排放口也作为主要排放口进行硫酸雾量的核算,需先判定主要排放口。对于污染物,只需核算铅及其化合物的排放量,不需要核算其他污染因子的许可排放量。

如某企业有一焊接工序排口,为主要排放口,污染因子为颗粒物和铅及其化合物,此外该企业涉及印刷工序的污染物也从焊接废气排放口排出,印刷工序产生非甲烷总烃、甲苯、二甲苯等污染因子,此排放口无需核算颗粒物及 VOCs 的许可排放量,只需核算铅及其化合物的排放量即可。

4 锂离子电池

4.1 主要产排污环节

锂离子电池制造企业为生产锂离子电池的排污单位,锂离子电池企业主要是以钴酸锂、硫酸铁锂、镍钴锰酸锂等为正极原材料,以石墨等为负极原材料,聚丙烯 PP、聚乙烯 PE 为隔膜原材料,通过配料、涂布、烘干、压延、极耳成型、卷绕、注液等工序完成电池制造的企业,主要废气污染物为颗粒物和非甲烷总烃。颗粒物来源于配料、制粉等环节;非甲烷总烃来自涂布、烘烤及注液等工序。主要的废水污染物来源于水洗等工艺环节,主要污染物为化学需氧量、氨氮、悬浮物、总磷、总氮和总钴等。常见锂离子电池生产工艺流程见图 4-2。

具体工艺流程介绍如下:

1. 配料:阴极、阳极各种粉料经称量、投加、搅拌形成阴极材料和阳极材料,若投料、搅拌等环节在密闭空间内,则不产生粉尘;若在非密闭环节内则将产生粉尘。该工序在清洗搅拌罐时产生清洗废水。

2. 涂布烘干:利用涂布机将阴极材料和阳极材料分别涂覆在铝箔和铜箔上完成阴极涂布和阳极涂布,浆料涂覆后再进入烘箱烘干,涂在极片上的有机溶剂经烘箱蒸发。该工序主要污染物为有机溶剂挥发产生的有机废气。

3. 压延:用轧辊机对已涂布烘干的卷料进行压实以降低极片厚度,该工序有可能产生粉尘和机加工废矿物油。

4. 分切:用分条机将阴、阳极板根据不同规格的电池要求切断成相应的极片尺寸。该工序产生粉尘和分切产生的废阴阳极板。

5. 极耳成型:采用极耳成型机将分切出来的极片冲压成型,形成带有极耳的极片。该工序产生少量粉尘、废铝箔、废铜箔。

6. 卷绕:将极耳成型的阴阳极片和隔离膜按阴极片-隔离膜-阳极片自上而下的顺序放在卷绕机上卷绕制成电池电芯。该工序产生废铝箔、废铜箔、废隔离膜。

7. 焊接干燥:将电池雏形放入干燥箱,去除电池雏形中可能存在的微量水分,这一过程主要是水蒸气挥发出来。

8. 注液:将电解液通过真空注液机注到电芯内部,注液机工作时,采用真空泵将电池壳内空气抽出,抽真空后再注液,注完液最后断开注液管瞬间接触空气,该过程会产生部分挥发性有机物。注液过程需先用电解液冲洗管道,产生废电解液。

9. 封口:采用封口机将顶盖与注液孔焊接在一起,该工序产生少量金属烟尘。

10. 成品检测:采用万用电表对电池进行测试,测试合格的电池入库,该工序产生不合格品作为固废处理。

11. 包装入库:将检测合格的电池包装入库。

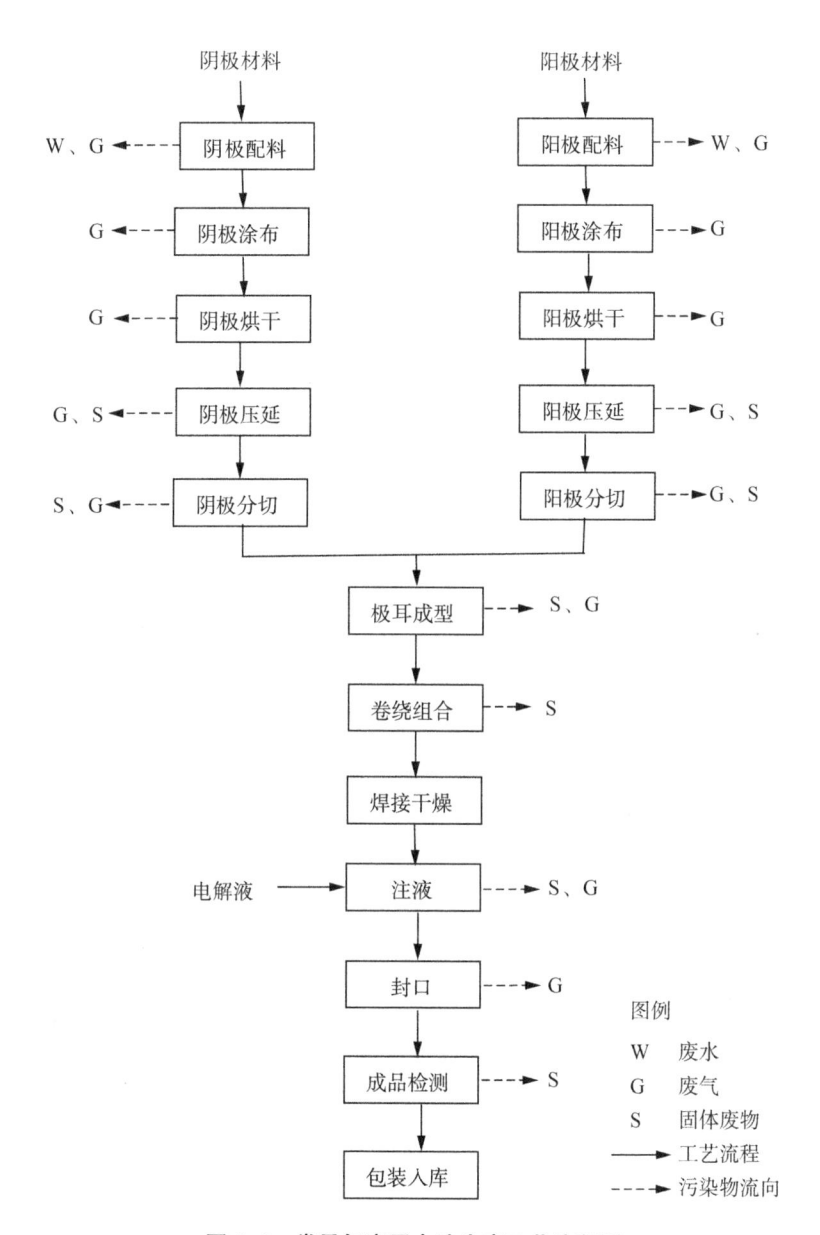

```
阴极材料                          阳极材料
   ↓                               ↓
W、G ←--- 阴极配料            阳极配料 ---→ W、G
          ↓                    ↓
   G ←--- 阴极涂布            阳极涂布 ---→ G
          ↓                    ↓
   G ←--- 阴极烘干            阳极烘干 ---→ G
          ↓                    ↓
G、S ←--- 阴极压延            阳极压延 ---→ G、S
          ↓                    ↓
S、G ←--- 阴极分切            阳极分切 ---→ G、S
                 ↓         ↓
                 极耳成型 ---→ S、G
                    ↓
                 卷绕组合 ---→ S
                    ↓
                 焊接干燥
                    ↓
          电解液 → 注液 ---→ S、G
                    ↓
                 封口 ---→ G
                    ↓
                 成品检测 ---→ S
                    ↓
                 包装入库
```

图例
W 废水
G 废气
S 固体废物
→ 工艺流程
---→ 污染物流向

图 4-2 常见锂离子电池生产工艺流程图

4.2 行业污染物排放情况

1. 大气污染物

锂离子电池制造业废气污染物排放情况如下表 4-23，废气排放口均为一般排放口。主要污染物为颗粒物及非甲烷总烃，以有组织或无组织的形式排放。

表 4-23　锂离子电池制造产排污环节、大气污染物种类、排口类型及执行标准一览表

主要工序	主要生产设施	产排污环节	主要排放形式	污染物因子	排口类型	执行标准
原料	供卸料设施、原料堆放场	卸料、运输废气	无组织	颗粒物	—	
涂布、烘烤	涂布机、烘箱	涂布烘干溶剂NMP(N-甲基吡咯烷酮)挥发废气	有组织	非甲烷总烃	一般排放口	《电池工业污染物排放标准》(GB 30484—2013)
注液	配电解液槽或缸	注液有机废气	有组织	非甲烷总烃	一般排放口	
	自动注液机					

2. 水污染物

锂离子电池制造业废水污染物排放情况如下表 4-24，废水排放口均为一般排放口。主要污染物为 pH、悬浮物、化学需氧量、氨氮、总氮、总磷、总钴、总镍、总锰、总铝。

表 4-24　锂离子电池制造废水排放去向、水污染物种类、排口类型及执行标准一览表

废水类别	排放去向	污染物因子	排口类型	执行标准
车间生产废水	车间或车间污水处理设施[1]	总钴	一般排放口	《电池工业污染物排放标准》(GB 30484—2013)
初期雨水	厂内综合污水处理设施	pH、悬浮物		
生活污水	厂内综合污水处理设施	pH、悬浮物、化学需氧量、氨氮、总氮、总磷		
	市政污水处理厂[2]			
厂内综合污水处理设施出水	不外排	—	—	
	入江湖等	pH、悬浮物、化学需氧量、氨氮、总氮、总磷、总钴[3]、总镍[4]、总锰[5]、总铝[6]	一般排放口	《电池工业污染物排放标准》(GB 30484—2013)
	进入工业园区废水集中处理设施等		一般排放口	

注：1. 以钴酸锂为正极锂离子电池生产废水排放去向为车间污水处理设施，其他电池生产废水排放去向为厂内综合污水处理设施。
2. 单独排向城镇污水集中处理设施的生活污水仅说明排放去向。
3. 适用于使用含钴原料的锂离子电池行业排污单位。
4. 适用于使用含镍原料的锂离子电池行业排污单位。
5. 适用于使用含锰原料的锂离子电池行业排污单位。
6. 适用于使用含铝原料的锂离子电池行业排污单位。

3. 固体废弃物

锂离子电池排污单位一般固体废弃物和危险废物的种类和来源见表 4-25。

表 4-25　锂离子电池制造一般固体废弃物和危险废物的种类和来源

类别	来源	种类
一般工业固体废物	生产车间	不含重金属的废零件，包装环节产生的废包材，污水处理环节产生的污泥等。
危险废物	生产车间、废水/废气处理设施	纯水制备或废水深度处理环节产生的废树脂等。

4.3 自行监测

锂离子电池企业废气、废水及噪声主要参照《排污单位自行监测指南 电池工业》(HJ 1204—2021)、排污许可证、环评文件及批复等要求确定的监测内容,周边环境质量影响监测参照排污单位环评文件、环评批复及其他环境管理要求确定监测内容。其中,废气监测须按相关标准分析方法、技术规范同步监测烟气参数;设区的市级及以上生态环境主管部门明确要求安装自动监测设备的污染物指标,须采取自动监测,具体见表4-26。

表4-26 锂离子电池制造自行监测相关内容一览表

污染物类型	产污环节	监测点位	监测指标	最低监测频次(废水监测频次分直接和间接排放)	
				直接排放	间接排放
有组织废气	造粒	造粒机排气筒	颗粒物	半年	
	注液	注液机排气筒	挥发性有机物[1]	半年	
	涂布	涂布设施排气筒	挥发性有机物[1]	半年	
	烘烤	烘烤设施排气筒	挥发性有机物[1]	半年	
无组织废气	—	厂界	挥发性有机物[1]	年	
废水	—	车间或车间处理设施排放口	总钴[2]、总镍[3]	季度	
		废水总排放口	流量、pH、化学需氧量、氨氮、悬浮物	季度	半年
			总磷、总氮	半年(月)	年(月)
			总锰[4]、总铝[5]	季度	半年
		生活污水排放口	流量、pH、化学需氧量、悬浮物、氨氮、总磷、总氮	季度	
		雨水排放口	pH、总钴[2]、总镍[3]、总锰[4]、总铝[5]	月(季度)	
噪声	—	厂界	LeqA	季度	
周边环境质量	—	地表水	pH	季度	
		海水	pH	半年	
		土壤	pH、镍[3]、钴[2]	年	
		地下水	pH、镍[3]、钴[2]、铝[5]、锰[4]	年	

注:1. 使用非甲烷总烃作为挥发性有机物排放的综合控制指标,同时应根据环境影响评价文件及其批复、排污许可管控要求、地方管理要求以及原料、工艺等,确定其他监测指标。
2. 适用于使用含钴原料的锂离子电池行业排污单位。
3. 适用于使用含镍原料的锂离子电池行业排污单位。
4. 适用于使用含锰原料的锂离子电池行业排污单位。
5. 适用于使用含铝原料的锂离子电池行业排污单位。

4.4 许可证核发及监管技术要点

1. 管理类别的判定

根据《固定污染源排污许可分类管理名录(2019年版)》,锂离子电池制造属于简化管理。某些锂离子制造排污单位涉及通用工序,由于锂离子电池制造作为主行业有明确的行业划分,所以还是按主行业的管理类别申请排污许可证。

如某家锂离子电池企业,涉及锅炉通用工序,被纳入2022年某市气重点排污单位名录中,该企业错以锅炉通用工序属重点管理来判定该企业排污许可的管理类别为重点管理,正确的分类应根据主行业的管理类别纳入简化管理。

2. 排放口的判定

(1) 废气排放口

锂离子电池制造排污单位废气排放口均属于一般排口。

(2) 废水排放口

锂离子电池排污单位废水排放口均为一般排放口。仅有生活污水排放口也应在系统中进行填报,单独排入城镇污水处理厂和工业污水处理厂的生活污水,仅说明排放去向即可。

废水在填报时还需根据实际情况填报以下几种废水类别:车间或车间污水处理设施出水、生活污水、厂内综合污水处理设施出水、初期雨水。排污单位一般只填报车间或车间污水处理设施出水或厂内综合处理设施出水,易遗漏生活污水和初期雨水废水类别。

3. 污染因子的识别

依据相应行业排污许可技术规范及环评文件、批复中明确的污染因子,全面准确识别废水、废气污染因子。对于气污染物,在注液工序不要遗漏非甲烷总烃污染因子。对于水污染物,针对废水的种类和来源识别、填报相应的污染物。部分企业会遗漏车间排放口一类污染物,含锰、铝原料的锂离子电池行业排污单位废水总排口容易遗漏总锰、总铝。

4. 排放标准及限值的判定

根据企业所排放的废气、废水污染物,选择相应的标准,标准的填报要完整、准确。

(1) 废气污染物

涉及注液、涂布、烘烤等工序,有组织废气及厂界无组织废气的污染因子应参照《电池工业污染物排放标准》(GB 30484—2013)执行,但锂离子电池制造生产过程中会产生非甲烷总烃,厂区非甲烷总烃的排放标准应参照据《挥发性有机物无组织排放控制标准》(GB 37822—2019)执行。

(2) 废水污染物

一般企业都是接管至污水处理厂,废水总排口应参照间接排放的浓度限值,地方明确要求需参照直排排放标准的除外。对于将废水接入污水处理厂的企业,时常出现未将排水协议中相关污染物的接管标准进行填报的情况。

5. 自行监测的核实

2015年1月1日(含)以后取得环评审批意见的企业还应根据环评文件有关要求制定监测方案,部分企业未参照环评要求的频次开展自行监测工作。对于废气污染物,在锂离子电池生产过程中会产生非甲烷总烃,根据《挥发性有机物无组织排放控制标准》(GB 37822—2019),非甲烷总烃除厂界外,还需要厂区开展监测。

废水易遗漏车间或车间处理设施排放口和雨水排放口的监测。如某企业涉及废水总排口、车间或车间处理设施排放口和雨水排放口,其只填报了废水总排口的监测内容,遗漏了车间或车间处理设施排放口和雨水排放口的监测内容。

第五章

涂料、油墨、颜料及类似产品制造业

1 行业概况及管理类别

1.1 行业概况

根据《国民经济行业分类》(GB/T 4754—2017),涂料、油墨、颜料及类似品制造(行业代码264)是指在天然树脂或合成树脂中加入颜料、溶剂和辅助材料,经加工后制成的覆盖材料的生产活动。

涂料、油墨、颜料及类似产品制造业包括涂料制造、油墨及类似产品制造、工业颜料制造、工艺美术颜料制造、染料制造(含有机颜料制造、染颜料中间体制造)、密封用填料及类似品制造,该行业具有产品类型多、排污单位规模差异大、特征污染物差异大等特点,涉及的排污单位种类繁多,因此适用于该行业类别的排污单位较多。本章节主要介绍涂料制造、油墨及类似品制造及工业颜料制造。

1.2 管理类别

1.2.1 不予核发排污许可证的情形

根据《排污许可管理办法(试行)》及环保部《关于固定污染源排污限期整改有关事项的通知》(环环评〔2020〕19号)中的规定,存在以下几种情形之一的排污单位,生态环境主管部门暂不予核发排污许可证。

1. 位于法律法规规定禁止建设区域内的。
2. 属于国务院经济综合宏观调控部门会同国务院有关部门发布的产业政策目录中明令淘汰或者立即淘汰的落后生产工艺装备、落后产品的。

根据《产业结构调整指导目录(2019年本)》,属于淘汰类落后生产工艺装备及落后产品行列如下:

(1) 落后生产工艺装备
① 用火直接加热的涂料用树脂、四氯化碳溶剂法制取氯化橡胶生产工艺。
② 300吨/年以下的油墨生产总装置(利用高新技术、无污染的除外)。
③ 含苯类溶剂型油墨生产。

(2) 落后产品

① 改性淀粉、改性纤维、多彩内墙(树脂以硝化纤维素为主,溶剂以二甲苯为主的O/W型涂料)、氯乙烯-偏氯乙烯共聚乳液外墙、焦油型聚氨酯防水、水性聚氯乙烯焦油防水、聚乙烯醇及其缩醛类内外墙(106、107涂料等)、聚醋酸乙烯乳液类(含乙烯/醋酸乙烯酯共聚物乳液)外墙涂料。

② 有害物质含量超标准的内墙、溶剂型木器、玩具、汽车、外墙涂料,含双对氯苯基三氯乙烷、三丁基锡、全氟辛酸及其盐类、全氟辛烷磺酸、红丹等有害物质的涂料。

3. "不能达标排放"类,污染物排放不符合污染物排放标准要求;重点污染物排放不符合排污许可证申请与核发技术规范、环境影响报告书(表)批准文件、重点污染物排放总量控制要求;排污单位位于未达到国家环境质量标准的重点区域、流域,污染物排放不符合有关地方人民政府关于改善生态环境质量特别要求的。

4. "手续不全"类,未依法取得建设项目环境影响报告书(表)批准文件,未办理环境影响登记备案手续,但是已经按照有关规定获得经地方人民政府依法处理、整顿规范并符合要求的相关证明材料的,或者按照地方人民政府有关规定已经取得排污许可证的除外。

5. "其他"类,如未按照规定安装、使用自动监测设备并与生态环境主管部门监控设备联网,未按规定设置污染物排放口等。

1.2.2 管理类别的划分

1. 排污许可管理类别

根据《固定污染源排污许可分类管理名录(2019年版)》,该行业的排污许可管理类别详见表5-1。

表5-1 涂料、油墨、颜料及类似产品制造行业排污许可管理类别一览表

行业类别	管理类别		
	重点管理	简化管理	登记管理
涂料、油墨、颜料及类似产品制造264	涂料制造2641;油墨及类似产品制造2642;工业颜料制造2643;工艺美术颜料制造2644;染料制造2645;以上均不含单纯混合或者分装的	单纯混合或者分装的涂料制造2641、油墨及类似产品制造2642;密封用填料及类似品制造2646(不含单纯混合或者分装的)	其他

2. 环评管理类别

根据《建设项目环境影响评价分类管理名录(2021年版)》,该行业环境影响评价分类管理类别详见表5-2。

表5-2 涂料、油墨、颜料及类似产品制造行业环评管理类别一览表

行业类别	环评类别		
	报告书	报告表	登记表
涂料、油墨、颜料及类似产品制造264	全部(含研发中试;不含单纯物理分离、物理提纯、混合、分装的)	单纯物理分离、物理提纯、混合、分装的(不产生废水或挥发性有机物的除外)	—

2　主要标准及技术规范

1. 涉及的排污许可相关技术规范

涂料、油墨、颜料及类似产品制造业已颁布行业排污许可证申请与核发技术规范,应参照该规范进行排污许可证填报与核发,若涉及其他工序应参照相应行业核发技术规范或总则。涉及的相关规范如下：

(1)《排污许可证申请与核发技术规范 涂料、油墨、颜料及类似产品制造业》(HJ 1116—2020)

(2)《火电行业排污许可证申请与核发技术规范》：涉及执行《火电厂大气污染物排放标准》(GB 13223—2011)的生产设施或排放口

(3)《排污许可证申请与核发技术规范 锅炉》(HJ 953—2018)：涉及执行《锅炉大气污染物排放标准》(GB 13271—2014)的生产设施或排放口

(4)《排污许可证申请与核发技术规范 石化工业》(HJ 853—2017)：涉及执行《石油化学工业污染物排放标准》(GB 31571—2015)的染颜料中间体生产设施或排放口及执行《合成树脂工业污染物排放标准》(GB 31572—2015)的生产设施或排放口

(5)《排污许可证申请与核发技术规范 无机化学工业》(HJ 1035—2019)：工业颜料中执行《无机化学工业污染物排放标准》(GB 31573—2015)的氧化锌等生产设施或排放口

(6)《排污许可证申请与核发技术规范 工业固体废物(试行)》(HJ 1200—2021)

(7)《排污许可证申请与核发技术规范 总则》(HJ 942—2018)

2. 涉及的自行监测技术指南

自行监测工作开展优先执行本行业自行监测技术指南及排污许可核发技术规范有关要求,本行业指南中未涉及的工序可参照总则及其他行业自行监测技术指南。涉及的相关指南如下：

(1)《排污单位自行监测技术指南 涂料油墨制造》(HJ 1087—2020)

(2)《排污单位自行监测技术指南 火力发电及锅炉》(HJ 820—2017)

(3)《排污单位自行监测技术指南 石油化学工业》(HJ 947—2018)

(4)《排污单位自行监测技术指南 总则》(HJ 819—2017)

3. 涉及的污染防治可行技术指南

现阶段仅出台涂料油墨行业可行技术指南,工业颜料制造、工艺美术颜料制造、染料制造和密封用填料及类似品制造可行技术指南均未出台,涉及的相关可行技术指南如下：

《涂料油墨工业污染防治可行技术指南》(HJ 1179—2021)

4. 涉及的排放标准

涉及相关国家排放标准如下：

(1)《涂料、油墨及胶粘剂工业大气污染物排放标准》(GB 37824—2019)

(2)《挥发性有机物无组织排放控制标准》(GB 37822—2019)

(3)《石油化学工业污染物排放标准》(GB 31571—2015)

(4)《合成树脂工业污染物排放标准》(GB 31572—2015)

(5)《无机化学工业污染物排放标准》(GB 31573—2015)及其修改单

(6)《大气污染物综合排放标准》(GB 16297—1996)

(7)《恶臭污染物排放标准》(GB 14554—93)

(8)《火电厂大气污染物排放标准》(GB 13223—2011)

(9)《锅炉大气污染物排放标准》(GB 13271—2014)

(10)《工业炉窑大气污染物排放标准》(GB 9078—1996)

(11)《污水综合排放标准》(GB 8978—1996)

(12)《油墨工业水污染物排放标准》(GB 25463—2010)

(13)其他相关地方标准

地方有更严格要求的,按地方标准执行。

3 涂料制造、油墨及类似品制造

3.1 主要产排污环节

涂料制造、油墨及类似品制造生产过程中,废气主要来源于储存、投料、混合、研磨、调配、过滤、熔融挤出、储存、包装等工艺环节,主要污染物为 VOCs 及颗粒物等。其中 VOCs 主要产生于含 VOCs 原辅材料的储存、混合、研磨、调配等工序,以及移动缸、固定缸及零部件等的清洗过程、含 VOCs 危险废物的贮存等。颗粒物主要产生于固体原辅材料的混合、研磨、调配等工序。废水主要来源为清洗等工艺环节,主要污染物为化学需氧量、氨氮、悬浮物、总磷和总氮等。常见涂料制造、油墨及类似品制造生产工艺流程见图 5-1 及图 5-2。

粉末涂料:

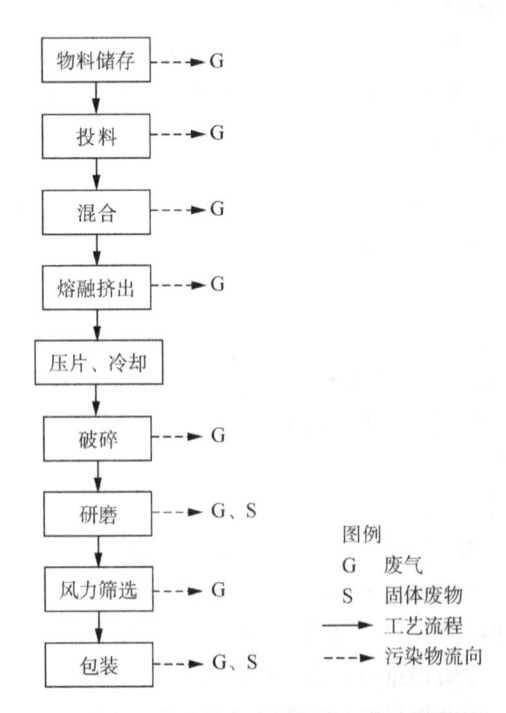

图 5-1 常见粉末涂料生产工艺流程图

具体工艺流程介绍如下：

1. 投料：原材料按配方称量后，人工投进分散机或涂料搅拌机内。此过程会产生少量颗粒物。

2. 混合：将投加完物料的混料罐转移至混料机，使物料进行混料搅拌，搅拌过程中会有少量颗粒物废气产生。

3. 熔融挤出：利用特定形状的螺杆，在加热的机筒中旋转，将由料斗通过管道中送来的粉末向前挤压，使粉末均匀，通过机头使粉末挤压成连续性的所需要的片层，该过程会有挥发性有机物产生。

4. 压片、冷却：通过输送带将挤出的块状原料送往压片，压片是干法成型的一种，将原本的块状原料压碎成片状或环状。

5. 破碎：片状粉料经管道输送至破碎设备，密封破碎成粉末状成品，该过程会有颗粒物产生。

6. 研磨：产品经研磨机进行研磨，该过程会有颗粒物废气及固体废物产生。

7. 风力筛选：研磨粉碎之后的粉末成品通过风力筛选进行筛分，剩余的不合格产品混入下一批重新研磨，该过程会有颗粒物产生。

8. 包装：混合搅拌完成后，分散机或涂料搅拌机通过阀口进行出料，再由人工包装封口，该过程会有颗粒物产生。完成包装即为成品，等待出货。

非粉末涂料、油墨及类似品制造：

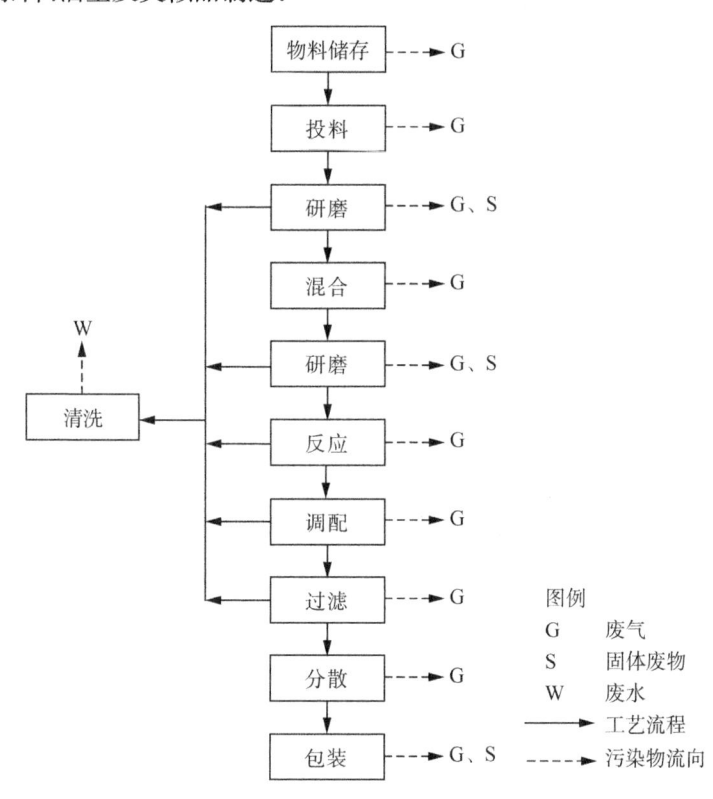

图 5-2 常见粉末涂料外涂料制造、油墨及类似品制造生产工艺流程图

具体工艺流程介绍如下：

1. 投料：将除色浆外的其他原料采用人工/自动投料的方式从投料间的投料口投入投料池，该过程会有颗粒物及挥发性有机物产生。

2. 研磨：投料后物料通过一定方式转移至研磨机、砂磨机中，研磨细化颗粒，该工艺过程会有颗粒物及挥发性有机物产生。

3. 混合：制造涂料油墨时，分别加入溶剂、色粉、树脂等，将其混合在一起，该工艺过程会有颗粒物及挥发性有机物产生。

4. 反应：项目添加的原辅料物料进入反应釜，发生合成反应，该工艺过程会有挥发性有机物产生。

5. 调配：物料经管道输送至配料罐，配料罐根据工艺参数的设定进行自动称量和调配，该工艺过程会有颗粒物及挥发性有机物产生。

6. 过滤：调配好的物料经过滤器过滤后，再进入下一环节，该过程会有废气产生，该工艺过程会有颗粒物及挥发性有机物产生。

7. 清洗：研磨机、配料罐等在必要时需用溶剂进行清洗，清洗出来的滤液可经沉淀过滤，部分滤液可重复使用，该工艺过程会有挥发性有机物产生。反应釜需在反应后进行清洗，产生清洗废水。

8. 分散：调配后的物料经管道输送至分散缸中，之后物料经分散机高速分散，该工艺过程会有挥发性有机物产生。

9. 包装：根据用户需要通过灌装机将成品装入塑料桶内，并分销给用户。包装过程产生滤渣及挥发性有机废气。

3.2 行业污染排放情况

1. 大气污染物

涂料制造、油墨及类似品制造业污染物排放情况如下表5-3，排污单位废气排放口分为主要排放口和一般排放口，其中重点管理的排污单位主要排放口为溶剂型涂料、辐射固化涂料及其他类型产品涂料生产单元和溶剂型油墨、水性油墨的油墨单元工艺废气，但满足国家低（无）VOC含量产品质量标准的能量固化涂料为一般排放口，其余废气排放口均为一般排放口，简化管理的排污单位均为一般排放口。

2. 水污染物

涂料制造、油墨及类似品制造业水污染物排放情况如下表5-4，排污单位废水排放口均为一般排放口。辅助车间废水单独排放时，还应参照《排污许可证申请与核发技术规范石化工业》（HJ 853—2017）的要求。

3. 固体废弃物

涂料制造、油墨及类似品制造排污单位一般固体废弃物和危险废物的种类和来源见表5-5。

表 5-3 涂料制造、油墨及类似品制造产排污环节、大气污染物种类、排口类型及执行标准一览表

行业类别	产品类别	主要工序	产排污环节	排放形式	污染物因子	排口类型	执行标准
涂料制造	水性涂料	物料储存	呼吸气体	有组织/无组织	挥发性有机物、颗粒物	一般排放口	《涂料、油墨及胶粘剂工业大气污染物排放标准》(GB 37824—2019)
		物料输送	装卸废气	无组织	挥发性有机物	—	
		混合、投料、研磨、分散、包装	工艺废气	有组织/无组织	挥发性有机物、颗粒物、特征污染物	一般排放口	《涂料、油墨及胶粘剂工业大气污染物排放标准》(GB 37824—2019)《合成树脂工业污染物排放标准》(GB 31572—2015)
		投料、反应、分离、干燥、灌装	辅助废气	有组织/无组织	挥发性有机物、颗粒物、特征污染物	一般排放口	
	溶剂型涂料、辐射固化涂料及其他类型	物料储存	呼吸气体	有组织/无组织	苯、苯系物、挥发性有机物、异氰酸酯类	一般排放口	《涂料、油墨及胶粘剂工业大气污染物排放标准》(GB 37824—2019)
		物料输送	装卸废气	无组织	挥发性有机物	—	
		配料、投料、反应、混合、研磨、过滤、分散、包装、清洗	工艺废气	有组织/无组织	颗粒物、苯、苯系物、挥发性有机物、特征污染物、异氰酸酯类、臭气浓度	主要排放口/一般排放口	《涂料、油墨及胶粘剂工业大气污染物排放标准》(GB 37824—2019)《合成树脂工业污染物排放标准》(GB 31572—2015)《恶臭污染物排放标准》(GB 14554—93)
		投料、反应、分离、干燥、灌装	辅助废气	有组织/无组织	挥发性有机物、特征污染物、臭气浓度	一般排放口	
	粉末涂料	物料储存	呼吸气体	有组织/无组织	挥发性有机物、颗粒物	一般排放口	《涂料、油墨及胶粘剂工业大气污染物排放标准》(GB 37824—2019)
		物料输送	装卸废气	无组织	颗粒物	—	
		混料、压片、破碎、粉碎、包装	含尘废气	有组织/无组织	颗粒物	一般排放口	
		熔融挤出	挤出废气	有组织/无组织	挥发性有机物	一般排放口	

续表

行业类别	产品类别	主要工序	产排污环节	排放形式	污染物因子	排口类型	执行标准
油墨及类似产品制造	胶印油墨、能量固化油墨	物料储存	呼吸废气	有组织/无组织	挥发性有机物	一般排放口	《涂料、油墨及胶粘剂工业大气污染物排放标准》(GB 37824—2019)
		物料输送	装卸废气	无组织		—	
		配料、混合、研磨、分散、包装	工艺废气	有组织/无组织	颗粒物、挥发性有机物、臭气浓度	一般排放口	《涂料、油墨及胶粘剂工业大气污染物排放标准》(GB 37824—2019)《恶臭污染物排放标准》(GB 14554—93)
		捏合脱水		有组织/无组织		一般排放口	
		投料、反应、分离、干燥、包装	辅助废气	有组织/无组织	挥发性有机物、臭气浓度	一般排放口	《涂料、油墨及胶粘剂工业大气污染物排放标准》(GB 37824—2019)《合成树脂工业污染物排放标准》(GB 31572—2015)《恶臭污染物排放标准》(GB 14554—93)
	溶剂型油墨、水性油墨等	物料储存	呼吸废气	有组织/无组织	苯、苯系物、挥发性有机物、异氰酸酯类	一般排放口	《涂料、油墨及胶粘剂工业大气污染物排放标准》(GB 37824—2019)
		物料输送	装卸废气	无组织	异氰酸酯类	—	
		配料、投料、混合、研磨、分散、包装	工艺废气	有组织/无组织	颗粒物、苯、苯系物、挥发性有机物、异氰酸酯类、臭气浓度	主要排放口/一般排放口	《涂料、油墨及胶粘剂工业大气污染物排放标准》(GB 37824—2019)《恶臭污染物排放标准》(GB 14554—93)
		投料、反应、分离、干燥、包装	辅助废气	有组织/无组织	挥发性有机物、臭气浓度	一般排放口	《涂料、油墨及胶粘剂工业大气污染物排放标准》(GB 37824—2019)《合成树脂工业污染物排放标准》(GB 31572—2015)《恶臭污染物排放标准》(GB 14554—93)

注：主要排放口适用于重点管理排污单位，简化管理主要排放口类型均为一般排放口。

表 5-4　涂料制造、油墨及类似品制造废水排放去向、水污染物种类、排口类型及执行标准一览表

行业类别	废水类别	排放去向	污染物因子	排口类型	执行标准
涂料制造	设备洗涤水	厂内综合废水处理设施	pH、化学需氧量、悬浮物、色度		
	地面冲洗水		pH、化学需氧量、悬浮物、色度		
	实验室废水		pH、化学需氧量、悬浮物、色度		
	纯水制备排水		pH、化学需氧量		
	辅助车间废水		pH、化学需氧量、五日生化需氧量、悬浮物、氨氮、总氮、总磷、总有机碳、特征污染物	—	—
	废气洗涤废水		pH、化学需氧量、悬浮物、色度		
	生活污水		pH、化学需氧量、五日生化需氧量、悬浮物、氨氮、总磷、动植物油		
		不外排			
	厂内综合废水处理设施	公共污水处理系统	pH、化学需氧量、五日生化需氧量、悬浮物、氨氮、总氮、总磷、总有机碳、特征污染物	一般排放口	《污水综合排放标准》(GB 8978—1996)表 2 或表 4 三级标准《合成树脂工业污染物排放标准》(GB 31572—2015)表 1 或表 2 间接排放限值
		地表水体		一般排放口	《污水综合排放标准》(GB 8978—1996)表 2 或表 4 一/二级标准《合成树脂工业污染物排放标准》(GB 31572—2015)表 1 或表 2 直接排放限值
油墨及类似产品制造	设备洗涤水	车间或车间污水处理设施	总汞、烷基汞、总镉、总铬、六价铬、总铅		《油墨工业水污染物排放标准》(GB 25463—2010)
	混合废水	厂内综合废水处理设施	pH、化学需氧量、氨氮、悬浮物、色度	—	
	辅助车间废水		pH、化学需氧量、五日生化需氧量、悬浮物、氨氮、总氮、总磷、总有机碳		
	地面冲洗水		pH、化学需氧量、悬浮物、色度		
	实验室废水				
	废气洗涤废水				

续表

行业类别	废水类别	排放去向	污染物因子	排口类型	执行标准
油墨及类似产品制造	生活污水	厂内综合废水处理设施	pH、化学需氧量、五日生化需氧量、氨氮、总氮、悬浮物、总磷、动植物油	—	—
		不外排		—	—
	厂内综合废水处理设施	公共污水处理系统	pH、化学需氧量、五日生化需氧量、悬浮物、氨氮、总氮、总磷、总有机碳、特征污染物	一般排放口	《污水综合排放标准》(GB 8978—1996)表2或表4三级标准《合成树脂工业污染物排放标准》(GB 31572—2015)表1或表2间接排放限值
		地表水体			《污水综合排放标准》(GB 8978—1996)表2或表4一/二级标准《合成树脂工业污染物排放标准》(GB 31572—2015)表1或表2直接排放限值

表 5-5　涂料制造、油墨及类似品制造排污单位一般固体废弃物及危险废物的种类和来源

类别	来源	种类
一般工业固体废物	生产车间	结构渣、包装废弃物、生活垃圾等
危险废物	生产车间、废水/废气处理设施	废活性炭、废清洗剂、树脂渣、废包装桶、废油抹布手套、高浓度废液、失效涂料、废催化剂等

3.3　自行监测

目前已颁布《排污单位自行监测技术指南涂料油墨制造》(HJ 1087—2020),涂料制造、油墨及类似品制造开展自行监测工作时应参照该指南,其中涂料油墨制造排污单位含有合成树脂生产和改性装置的开展自行监测工作时应参照《排污单位自行监测指南石油化学工业》(HJ 947—2018),自备火力发电机组(厂)、配套动力锅炉的自行监测要求按照《排污单位自行监测技术指南火力发电及锅炉》(HJ 820—2017)。

该行业废气、废水及噪声主要参照自行监测指南、排污许可证、环评文件及批复等要求确定监测内容,周边环境质量影响监测参照排污单位环评文件、环评批复及其他环境管理要求确定监测内容。其中,废气监测须按相关标准分析方法、技术规范同步监测烟气参数;设区的市级及以上生态环境主管部门明确要求安装自动监测设备的污染物指标,须采取自动监测。具体见表 5-6。

3.4　总量核算

总量核算包括许可排放量的计算和实际排放量的计算。对于许可排放量,按照国家或地方污染物排放标准等法律法规和管理制度要求,许可排放量又分为年许可排放量和特殊时段的日许可排放量,依据总量控制指标及《排污许可证申请与核发技术规范涂料、油墨、颜料及类似产品制造业》(HJ 1116—2020)规定的方法等从严确定。2015 年 1 月 1 日(含)后取得环境影响评价批复的涂料制造、油墨及类似品制造排污单位,许可排放限值还应同时满足环境影响评价文件和批复的要求。其中,排放废气一般排放口、无组织废气以及废水排放口不许可排放量。

计算实际排放量时,排污许可证要求应采用自动监测的污染物项目,根据符合监测规范的有效自动监测数据采用实测法核算实际排放量。对于排污许可证未要求采用自动监测的污染物项目,按照优先顺序依次选取自动监测数据、执法和手工监测数据核算实际排放量。监测数据应符合国家环境监测相关标准技术规范要求。对于排污许可证中载明要求应当采用自动监测的排放口或污染因子而未采用的,采用产污系数法核算污染物排放量,且均按直接排放进行核算。

3.4.1　大气污染物

1. 许可排放量计算方法

许可排放量包括年许可排放量和特殊时段许可排放量,其中特殊时段许可排放量为日许可排放量。

(1) 年许可排放量

排污单位某项大气污染物年许可排放量为各许可排放量的生产单元的主要排放口

表 5-6 涂料制造、油墨及类似品制造自行监测相关内容一览表

类别	排污单位级别	污染物类型	监测点位	监测指标	最低监测频次（废水监测频次分直接和间接排放）		
					直接排放	间接排放	
涂料制造、油墨及类似品制造	所有排污单位	有组织废气	储罐废气排气筒[1]	非甲烷总烃[2]	季度		
				苯、苯系物[3]	半年		
				总挥发性有机物[4,7]	年		
			工艺含尘废气排气筒	颗粒物	季度		
			非燃烧法工艺有机废气处理设施排气筒	非甲烷总烃[2]	月		
				苯、苯系物[3]、异氰酸酯类[5,7]	季度		
				总挥发性有机物[4,7]	半年		
			燃烧法工艺有机废气处理设施排气筒	非甲烷总烃[2]	月		
				苯、苯系物[3]、异氰酸酯类[5,7]、二氧化硫、氮氧化物、颗粒物	季度		
				总挥发性有机物[4,7]	半年		
				二噁英类[6]	年		
			实验室有机废气排气筒	苯	季度		
		无组织废气	污水处理设施废气排气筒	非甲烷总烃[2]、臭气浓度、氨、硫化氢	半年		
			厂界	苯	半年		
		废水	废水总排放口	流量、pH、化学需氧量、氨氮	自动监测		
				悬浮物、色度、总磷、总氮、五日生化需氧量、总有机碳、石油类、动植物油	月	季度
	重点排污单位[8]			挥发酚、苯胺类[9]、总铜、苯、甲苯、乙苯、二甲苯	季度	半年
				总汞、总镉、总铅、总铬、六价铬、总铅	月	半年
			车间或生产设施废水排口	烷基汞	半年		

100

续表

类别	排污单位级别	污染物类型	监测点位	监测指标	最低监测频次(直接排放)	最低监测频次(废水监测同接利间接排放)
涂料制造、油墨制造及类似品制造	非重点排污单位	废水	废水总排放口	pH、化学需氧量、氨氮、悬浮物、色度、总磷、总氮、五日生化需氧量、总铜⁹、总镉、总铬、六价铬、总铅、挥发酚、苯胺类⁹、苯、甲苯、乙苯、二甲苯、石油类、动植物油	季度	半年
				总汞、总镉、总铬、六价铬、总铅	半年	年
			车间或生产设施废水排口	烷基汞	季度	季度
			雨水排放口¹⁰	pH、化学需氧量、氨氮	年	年
	所有排污单位		生活污水排放口	pH、化学需氧量、氨氮、悬浮物、总磷、总氮、五日生化需氧量、动植物油	月	月
					/	/

注：1. 适用于GB 37824—2019的固定顶罐按要求开展自行监测。如无苯系物等溶剂储存、储罐废气排气筒的监测指标为NMHC(非甲烷总烃)和TVOC(总挥发性有机物)。

2. 非甲烷总烃有去除效率要求的，应同时监测污染治理设施进口。

3. 苯系物包括苯、甲苯、二甲苯、三甲苯、乙苯和苯乙烯。

4. 根据企业使用原辅料、生产工艺过程、生产的产品和副产品，结合GB 37824—2019附录A和有关环境管理要求等，筛选确定计入TVOC的物质。

5. 异氰酸酯类包括甲苯二异氰酸酯(TDI)、二苯基甲烷二异氰酸酯(MDI)、异佛尔酮二异氰酸酯(IPDI)和多亚甲基多亚苯基多异氰酸酯(PAPI)，适用于聚氨酯类涂料和油墨。

6. 燃烧含氯污染物废气时，须监测该指标。

7. 待国家污染物监测方法标准发布后实施。

8. 重点排污单位为纳入水环境重点排污单位名录的企事业单位。

9. 适用于含有酚且颜料生产年产量在1 000 t及以上的油墨制造企业。

10. 雨水排放口有流动水排放时按月监测。若监测一年无异常情况，可放宽至每年度每季度开展一次监测。

101

年许可排放量之和,按照公式(5-1)计算:

$$E_P = \sum_{i=1}^{n} E_i \tag{5-1}$$

式中:

E_P 为排污单位某项大气污染物年许可排放量,t/a;

E_i 为排污单位第 i 个生产单元许可排放量的排放口大气污染物年许可排放量,t/a;

n 为排污单位某项大气污染物的许可总量的排放口数量。

主要排放口污染物年许可排放量依据许可排放浓度限值、基准排气量和产能相乘确定。具体核算按照式(5-2)计算:

$$E_i = Q_s \times S \times c_s \times 10^{-9} \tag{5-2}$$

式中:

E_i 为排污单位第 i 个生产单元许可排放量的排放口某种大气污染物年许可排放量,t/a;

S 为生产设施或者排污单位生产某种产品产能,t/a;投运满三年取近三年实际产量平均值,投运满一年但未满三年的取周期年实际产量平均值,未投运或投运不满一年的按设计产能计算;当实际产量平均值超过设计产能时,按设计产能计算;

Q_s 为单位产品基准排气量,Nm^3/t 产品;

c_s 为某种大气污染物的许可排放浓度,mg/Nm^3。

其中,涂料制造、油墨及类似产品制造基准烟气量选取近三年单位产品实际排气量的平均值或者设计值,未投运或者投运不满一年的按照环境影响评价文件确定的设计值进行核算;投运超过一年但未满三年的按投运期内单位产品实际排气量的平均值计算;投运满三年但实际产量波动较大时可选正常一年内单位产品实际排气量。若后期国家行业排放标准对基准烟气量有规定的,从其规定;地方标准有严格要求的,按地方标准执行。

(2) 特殊时段许可排放量核算方法

排污单位应按照国家或所在地区人民政府制定的重污染天气应急预案等文件,根据停产、限产等要求,确定特殊时段许可日排放量。

排污单位特殊时段许可排放量按公式(5-3)计算:

$$E_{日许可} = E_{前一年环绕日均排放量} \times (1 - \alpha) \tag{5-3}$$

式中:

$E_{日许可}$ 为排污单位重污染天气应对期间日许可排放量,t;

$E_{前一年环绕日均排放量}$ 为排污单位前一年环境统计实际排放量折算的日均值,t;

α 重污染天气应对期间日产量或排放量减少比例,%。

2. 实际排放量计算方法

(1) 在线数据核算

有组织废气主要排放口具有连续监测数据的污染物,单项大气污染物实际排放量按公式(5-4)计算实际排放量:

$$E_j = \sum_{i=1}^{T}(c_{i,j} \times Q_i) \times 10^{-9} \qquad (5\text{-}4)$$

式中：

E_j 排污单位核算时段内主要排放口第 j 项污染物的实际排放量，t；

$c_{i,j}$ 第 j 项污染物在第 i 小时的实测平均排放浓度（标态），mg/m³；

Q_i 第 i 小时的标准状态下干排气量（标态），m³/h；

T 为核算时段内的污染物排放时间，h。

对于因自动监控设施发生故障以及其他情况导致监测数据缺失的，按 HJ 75—2017 进行补遗。二氧化硫、氮氧化物、颗粒物在线监测数据缺失时段超过 25% 的，自动监测数据不能作为实际排放量的依据，实际排放量按照"要求采用自动监测的排放口或污染因子而未采用"的相关规定进行计算。其他污染物在线监测数据缺失情形可参照核算，生态环境部另有规定的从其规定。

对于出现在线数据缺失或者数据异常等情况的排污单位，若排污单位能提供材料充分证明不是排污单位责任的，可按照排污单位提供的手工监测数据等核算实际排放量，或者按照上一季度申报期间的稳定运行期间自动监测数据的小时浓度均值和季度平均烟气量或流量，核算数据缺失时段的实际排放量。

(2) 手工监测数据核算

采用手工监测实测法应根据每次手工监测时段内每小时污染物的平均排放浓度、平均排气量、运行时间核算污染物排放量按公式(5-5)计算：

$$E_j = \sum_{i=1}^{n}(c_{i,j} \times Q_i \times T) \times 10^{-9} \qquad (5\text{-}5)$$

式中：

E_j 为核算时段内主要排放口第 j 项污染物的实际排放量，t；

$c_{i,j}$ 为第 i 次监测频次时段内，第 j 项污染物实测平均排放浓度，mg/m³；

Q_i 为第 i 次监测频次时段内，第 i 小时的标准状态下干排气量，m³/h；

T 为核算时段内污染物排放时间，h；

n 为实际监测频次，但不得低于最低监测频次，次。

手工监测包括排污单位自行手工监测和执法监测。

排污单位应将手工监测时段内生产负荷与核算时段内平均生产负荷进行对比，并给出对比结果。

监测时段内有多组监测数据时，C_j 应加权平均。计算方法见公式(5-6)：

$$C_j = \frac{\sum_{k=1}^{n}(c_k \times Q_k)}{\sum_{k=1}^{n} Q_k}, Q_j = \frac{\sum_{k=1}^{n} Q_k}{n} \qquad (5\text{-}6)$$

式中：

c_k 为核算时段内第 k 次监测的小时平均浓度（标态），mg/m³；

Q_k 为核算时段内第 k 次监测的排气量(标态),m³/h;

n 为核算时段内取样监测次数,无量纲。

Q_j 为监测时段内第 j 项污染物的平均排气量(标态),m³/h;

C_j 为监测时段内第 j 项污染物的平均排放浓度,mg/m³;

(3) 产排污系数法

核算时段内废气污染物年实际排放量按照公式(5-7)核算:

$$E_{i,k} = R_k \times Q_k \times 10^{-3} \qquad (5\text{-}7)$$

式中:

$E_{i,k}$ 为核算时段第 k 个生产设施排放口的第 i 项污染物实际排放量,单位为 t/a;

R_k 为第 i 项污染物产排污系数,kg/t;可参照国家工业污染源普查相应的行业产污系数;国家或地方标准发布后,从其规定。

Q_k 为核算时段第 k 个生产设施排放口的产品量。

3. 废气污染物排放量核算案例

位于大气重点控制区域的某涂料有限公司的环保型高性能树脂涂料生产项目于 2017 年取得环评批复,该公司主要生产油漆涂料,为酸漆、聚酯漆、水性漆等,设计产能为 2.80×10^4 t/a,共有 2 个油漆涂料生产车间(A 及 B),3 个排气口,分别为涂料生产单元工艺废气排气口 DA001、涂料生产单元工艺废气排气口 DA002 及污水处理站排放口 DA003,A 车间废气通过 DA001 排放,B 车间废气通过 DA002 排放。A 车间 2019 年、2020 年及 2021 年实际产能分别为 15 000 t/a、13 700 t/a 及 14 200 t/a,B 车间 2019 年、2020 年及 2021 年实际产能分别为 9 200 t/a、6 700 t/a 及 8 400 t/a。DA001 排气口 2019 年、2020 年及 2021 年单位产品实际排气量平均值分别为 3 580 Nm³/t、3 630 Nm³/t 及 3 590 Nm³/t,DA002 排气口 2019 年、2020 年及 2021 年单位产品实际排气量平均值分别为 2 474 Nm³/t、2 602 Nm³/t 及 2 547 Nm³/t。

(1) 大气污染物许可排放量核算

① 废气主要排放口的确定

根据《排污许可证申请与核发技术规范 涂料、油墨、颜料及类似品》(HJ 1116—2020),涂料生产单元的工艺废气排放口为主要排放口,因此 DA001 及 DA002 为主要排放口,需计算许可排放量,许可的污染物种类为挥发性有机物,DA003 为一般排放口,不需要计算许可排放量。

② 参数的确定

Ⅰ. 单位产品基准排气量

因该排污单位投运超过三年,因此采用单位产品实际排气量的平均值。

$$Q_{s1} = \frac{3\,580 + 3\,630 + 3\,590}{3} = 3\,600 (\text{Nm}^3/\text{t})$$

$$Q_{s2} = \frac{2\,474 + 2\,602 + 2\,547}{3} = 2\,541 (\text{Nm}^3/\text{t})$$

故 DA001 及 DA002 单位产品基准排气量分别取 3 600 Nm³/t 及 2 541 Nm³/t。

Ⅱ. 生产设施或者排污单位生产某种产品设计产能

因该排污单位投运超过三年,因此采用近三年实际产量平均值。

$$S_1 = \frac{15\,000 + 13\,700 + 14\,200}{3} = 14\,300 \text{ t/a}$$

$$S_2 = \frac{9\,200 + 6\,700 + 8\,400}{3} = 8\,100 \text{ t/a}$$

故产能分别为 14 300 t/a 及 8 100 t/a。

Ⅲ. 污染物许可排放浓度

由于该企业位于重点地区,执行《涂料、油墨及胶粘剂工业大气污染物排放标准》(GB 37824—2019)表 2 特别排放限值,涂料制造、油墨及类似产品制造的挥发性有机物特别排放限值为 80 mg/m³。

③ 计算过程

挥发性有机物的年许可排放量:

$$E_{挥发性有机物} = 3\,600 \times 14\,300 \times 80 \times 10^{-9} + 2\,541 \times 8\,100 \times 80 \times 10^{-9} \approx 5.765\,0 \text{ t/a}$$

④ 与环评批复进行比较

2015 年 1 月 1 日(含)后取得环境影响评价批复的涂料制造、油墨及类似品制造排污单位,许可排放限值还应同时满足环境影响评价文件和批复的要求,将环评批复量、按照核发技术规范的核算量进行比较取严作为企业大气污染物的许可排放量,具体见表 5-7。

表 5-7 大气主要污染物总量情况

污染物	环评批复量(t/a)	规范计算量(t/a)	许可排放量(t/a)
挥发性有机物	6.096	5.7650	5.7650

由上表可见,企业最终核定的挥发性有机物的许可排放量为 5.7650 t/a。

(2) 大气污染物实际排放量的计算

该企业主要排放口已安装自动监测设备,企业采用在线监测数据进行实际排放量的核算。通过在线平台查询该企业 2021 年每小时平均浓度和每小时烟气量数据,计算可得实际排放量。

$$E_{DA001挥发性有机物} = (9.853 \times 22\,033.08 + 8.598 \times 19\,587.32 + \cdots + 9.745 \times 18\,658.58) \times 10^{-9} = 0.766 \text{ t/a}$$

$$E_{DA002挥发性有机物} = (8.987 \times 9\,854.58 + 8.874 \times 10\,514.62 + \cdots + 8\,458 \times 9\,523.11) \times 10^{-9} = 0.287 \text{ t/a}$$

$$E_{挥发性有机物} = E_{DA001挥发性有机物} + E_{DA002挥发性有机物} = 0.766 + 0.287 = 1.053 \text{ t/a}$$

安装在线监测设备的污染物实际排放量与许可排放量对比情况见表 5-8。

表 5-8 安装在线监测的污染物实际排放量与许可排放量对比

污染物	实际排放量(t/a)	许可排放量(t/a)	实际排放量占许可排放量之比
挥发性有机物	1.053	5.7650	18%

3.4.2 水污染物

1. 许可排放量计算方法

重点管理排污单位废水总排放口纳入主要排放口的应该申请化学需氧量和氨氮的年许可排放量,由于涂料制造、油墨及类似品制造废水无主要排放口,因此无需核算许可排放量。

2. 实际排放量计算方法

由于涂料制造、油墨及类似品制造废水排放口均为一般排放口,不许可排放量,因此企业根据需要进行实际排放量的计算,具体见本章4.4.2。

3.5 许可证核发及监管技术要点

1. 管理类别的判定

根据《固定污染源排污许可分类管理名录(2019年版)》,单纯混合或分装为简化管理,其余均为重点管理。要关注企业有无降级管理的情形,如某企业生产粉末涂料,生产工序包含熔融挤出混料、破碎等,并非单纯混合或分装的排污单位,依据名录应判定为重点管理,企业误将管理类别申请为简化管理。某年产6 000 t的涂料生产排污单位,涉及投料、反应等生产工序,依据名录应判定为重点管理,企业将行业类别登记为塑料制品业(292),由于年产1万以下的塑料制品业(除塑料人造革、合成革制造2925)均为登记管理,因此企业误将管理类别申请为登记管理。

2. 排放口的判定

(1) 废气排放口

涂料制造、油墨及类似品制造排污单位废气主要排放口为涂料生产单元工艺废气及油墨生产单元工艺废气,但企业生产满足国家低(无)VOC含量产品质量标准的固化涂料或水性油墨时,该排口为一般排放口。若生产多种类型产品,且工艺废气从同一排气筒排出,应从严确定排放口类型。

如某油墨生产企业,共有2条生产线,一条为生产溶剂型油墨,另一条为生产水性油墨且满足国家低(无)VOC含量产品质量标准,两条生产线工艺废气通过同一排气口DA001排出,依据《排污许可证申请与核发技术规范涂料、油墨、颜料及类似产品制造业》(HJ 1116—2020)溶剂型油墨工艺废气排放口应为主要排放口,满足国家低(无)VOC含量产品质量标准的水性油墨工艺废气排放口为一般排放口,按照从严确定排放口类型的原则,DA001排放口类型为主要排放口。

(2) 废水排放口

废水均为一般排放口,填报时容易遗漏产排污的中间环节。如若有设备洗涤水、捏合废水等产排污环节均应填报,排放去向可填厂内综合废水处理设施,但不作为排放口填报。仅有生活污水排放口也应在系统中进行填报,单独排入城镇污水处理厂和工业污水处理厂的生活污水,仅说明排放去向即可,无需填报许可排放浓度、许可排放量等内容。

3. 污染因子的识别

依据相应行业排污许可技术规范及环评文件、批复中明确的污染因子,全面准确识别废水、废气污染因子。对于气污染物,涂料生产工序中涉及树脂生产的工艺废气,还应依据《合成树脂工业污染物排放标准》(GB 31572—2015)将特征污染物纳入许可证。涂料和油墨生产单元还应根据原辅材料判断有无苯系物。

对于水污染物,针对废水的种类和来源识别、填报相应污染物。有的企业会遗漏部分污染因子,如废水总排口遗漏总有机碳、特征污染物等污染因子。

4. 排放标准及限值的判定

根据企业所排放的废气、废水污染物,选择相应的标准,标准的填报要完整、准确。对于有合成树脂生产工序的企业并混合排放时,废水废气排放标准应参照《合成树脂工业污染物排放标准》(GB 31572—2015)执行。

5. 自行监测的核实

2015年1月1日(含)以后取得环评审批意见的企业还应根据环评文件有关要求制定监测方案,部分企业未参照环评要求的频次开展自行监测工作。执行《合成树脂工业污染物排放标准》(GB 31572—2015)的排放口还应参照《排污单位自行监测技术指南 石油化学工业》(HJ 947—2018)从严确定监测因子和监测频次。

对于气污染物,燃烧含氯有机废气时,还应对二噁英类进行监测,监测频次为每年1次。部分企业容易遗漏厂内无组织监测,依据《挥发性有机物无组织排放控制标准》(GB 37822—2019),在厂房门窗或通风口、其他开口(孔)等排放口外1 m,距离地面1.5 m以上位置处对非甲烷总烃进行监测。

对于水污染物,水重点排污单位无论排放方式为间接还是直接排放,均应对流量、pH、化学需氧量、氨氮进行在线监测,与排放口类型无关。单独排入城镇污水处理厂和工业污水处理厂的生活污水无需开展监测。

6. 总量核算的准确性

主要排放口进行总量核算,需先判断排放口类型,涂料制造、油墨及类似品制造废气主要排放口仅需对挥发性有机物许可排放量,废水排放口均为一般排放口,无需计算许可排放量。废气年许可排放量核算时,投运满1年的排污单位基准排气量均应采用实际排气量进行核算。

4 工业颜料制造

4.1 主要产排污环节

工业颜料生产过程中,废气主要来源于储存、配料、粉碎、煅烧、酸解等工艺环节,主要污染物为颗粒物、二氧化硫、氮氧化物、硫酸雾、氯化氢、氯气等。其中颗粒物主要产生于固体原辅材料的煅烧、粉碎等工艺环节,二氧化硫、氮氧化物主要产生于工业炉窑的运行过程,硫酸雾主要产生于酸解等工艺环节,氯化氢、氯气主要产生于氯化、氧化等工艺环节。废水主要来源于漂洗、后处理等工艺环节,主要污染物为化学需氧量、氨氮、悬浮物、色度、总磷及总氮等。常见工业颜料生产工艺流程见图5-3。

具体工艺流程介绍如下:

硫酸法钛白粉工艺由两部分组成,俗称黑区(磨矿-浓缩)和白区(水解-粗钛白粉碎)。

黑区主要生产工艺如下:

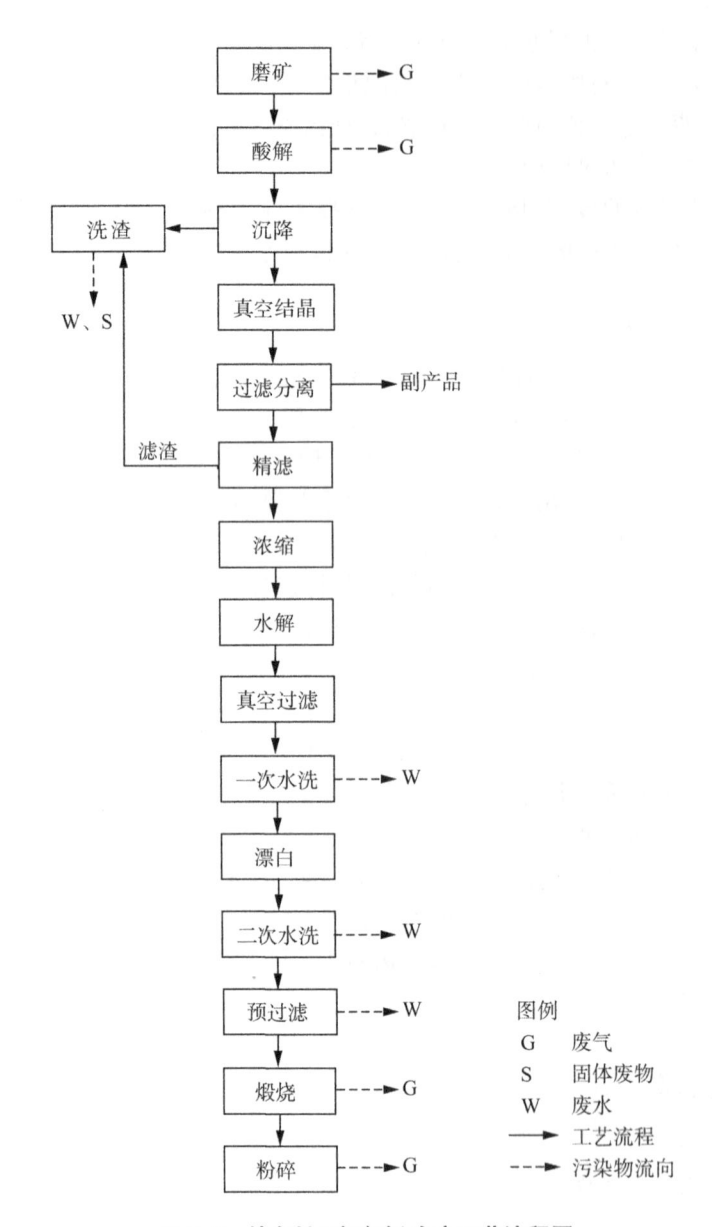

```
磨矿 --> G
 ↓
酸解 --> G
 ↓
沉降 <-- 洗渣
 ↓         ↓ W、S
真空结晶
 ↓
过滤分离 --> 副产品
 ↓
精滤 <-- 滤渣
 ↓
浓缩
 ↓
水解
 ↓
真空过滤
 ↓
一次水洗 --> W
 ↓
漂白
 ↓
二次水洗 --> W
 ↓
预过滤 --> W
 ↓
煅烧 --> G
 ↓
粉碎 --> G
```

图例
G　废气
S　固体废物
W　废水
→　工艺流程
--→　污染物流向

图5-3　钛白粉(硫酸法)生产工艺流程图

1. 磨矿

钛铁矿(或高钛渣)经提升机送入球磨机料仓,球磨机将其磨至所需粒度,再经空气分级机、旋风分离器、经布袋收尘器处置后,进入钛铁矿粉仓库暂存。生产工段有粉尘排放。

2. 酸解

钛铁矿粉由压缩空气(风管)送至酸解槽,在酸解槽中加入浓硫酸进行化学反应,该过程会有硫酸雾。

3. 沉降

酸解来的黑钛液进入沉降池内,加入絮凝剂,在沉降过程中,除去浮渣,待澄清之后,渣送至洗渣工序,澄清液送至结晶、过滤工序。

4. 洗渣

由酸解工序沉降池沉淀的酸渣,依然含有大量可溶性的 TiO_2(二氧化钛),本工序目的就是回收这部分 TiO_2。酸渣由泵送至板框过滤机水洗过滤,滤液收集后返回酸解槽,滤渣即为酸解废渣,主要成分为未反应的钛矿和残留的硫酸。该过程产生洗渣废水和酸解废渣。

5. 真空结晶

黑钛液中的硫酸亚铁,主要来源于矿粉中的铁,部分来源于酸解过程加入的铁屑,本工序除去以七水硫酸亚铁形式存在的铁,同时也除去了锰和镁,结晶在间歇式真空结晶器中进行,结晶后的钛液送至贮槽。

6. 过滤分离

钛液贮槽的硫酸亚铁悬浮液由泵送至圆盘过滤机,经真空吸滤,绿矾(副产品)经皮带机送至绿矾库,清液送至精滤工段。

7. 精滤

精滤工序用以除去钛液中的絮凝渣子和机械杂质。分离后的清液,经加热、加助滤剂和板框压滤机之后,清液送至浓缩,滤渣送至洗渣工序。

8. 浓缩

本工序用于增加钛液中的钛含量,以满足水解的要求。由精滤来的黑钛液,先进钛液预热器,后经蒸发器,出蒸发器的钛液进分离器,在分离器内进行气液分离,浓钛液待用。

白区主要生产工艺如下:

9. 水解

水解是向浓钛液中加入偏钛酸晶种,然后通入蒸汽,使浓钛液中的钛以固体偏钛酸形式沉析出来,铁和其他杂质则保留在母液中。水解之后悬浮液由水解罐排出贮槽,冷却,冷却后的白色悬浮液进入贮槽。

10. 真空过滤

水解浆料泵至真空过滤机过滤,得到的滤液收集后输送至废酸浓缩回收站进行回收处理。

11. 一次水洗

过滤得到的滤饼达需要的厚度后,用二次水洗工序收集到洗涤水对滤饼进行洗涤,滤饼卸下后在再浆槽中制备偏钛酸浆料。此过程产生废水。

12. 漂白

由于水洗后的偏钛酸料浆还含有少量高价金属离子,这些杂质会影响到产品的色度与品质,必须完全除去。一次水洗后的偏钛酸浆料放入漂白槽中漂白后经适当冷却后输送至二次水洗。

13. 二次水洗

二次水洗在板框压滤机中进行,清洗后的滤液返回至一次水洗工序作为清洗水使用,过滤得到的偏钛酸部分用于三价钛液的制备,该过程产生清洗废水。

14. 预过滤

二次水洗后的悬浮液(浆料)送至板框压滤机进行预过滤,随后用泵送至煅烧工序。

此过程产生废水。

15. 煅烧

在高温下，无定形的偏钛酸转化为具有晶格性质的二氧化钛。该过程废气产生二氧化硫、氮氧化物和颗粒物。

16. 粉碎

对冷却后的粗钛白粉进行粉碎，然后送入空气分离器，把粗粒子分离出来，粗粒子返回前面再进行研磨，细钛白粉进入袋式过滤器进行分离，包装入库。该工序有粉尘产生。

4.2 行业污染物排放情况

1. 大气污染物

工业颜料排放情况如下表 5-9，排污单位废气排放口分为主要排放口和一般排放口，其中重点管理的排污单位主要排放口为钛白粉（硫酸法）煅烧废气排放口、钛白粉（氯化法）氯化废气和氧化废气排放口、氧化铁中间原辅料制备单元及氧化单元工艺废气排放口、铅铬系颜料含铅废气和化合废气排放口、镉系颜料反应废气和煅烧废气排放口、立德粉煅烧废气排放口、其他工业颜料反应单元的工艺废气和煅烧单元煅烧废气排放口，其余废气排放口均为一般排放口，简化管理的排污单位均为一般排放口。

2. 水污染物

工业颜料制造如下表 5-10，铅铬系列、立德粉、镉系、群青、MMO（混合金属氧化物）、珠光颜料以及其他颜料重点管理排污单位，一类污染物的车间排放口为主要排放口，其他废水排放口均为一般排放口，简化管理的排污单位废水排放口均为一般排放口。

3. 固体废弃物

工业颜料排污单位一般固体废弃物和危险废物的种类和来源见表 5-11。

表 5-11 工业颜料一般固体废弃物及危险废物的种类和来源

类别	来源	种类
一般工业固体废物	生产车间	钛石膏、生活垃圾等
危险废物	生产车间、废水/废气处理设施	废包装物、废机油、废试剂瓶、废油漆桶、实验室废液、废活性炭等

4.3 自行监测

工业颜料制造开展自行监测工作时应参照《排污许可证申请与核发技术规范涂料、油墨、颜料及类似产品制造业》（HJ 1116—2020）及《排污单位自行监测技术指南总则》（HJ 819—2017）。该行业重点管理排污单位有组织废气监测频次严于简化管理排污单位，无组织废气和废水的监测因子及监测频次同简化管理排污单位。废气、废水及噪声主要参照自行监测指南、排污许可证、环评文件及批复等要求确定监测内容，周边环境质量影响监测参照排污单位环评文件、环评批复及其他环境管理要求确定监测内容。其中，废气监测须按相关标准分析方法、技术规范同步监测烟气参数；设区的市级及以上生态环境主管部门明确要求安装自动监测设备的污染物指标，须采取自动监测。具体见表 5-12 和表 5-13。

第五章 涂料、油墨、颜料及类似产品制造业

表5-9 工业颜料产排污环节、大气污染物种类、排口类型及执行标准一览表

行业类别	产品类别	主要工序	产排污环节	排放形式	污染物因子	排口类型	执行标准
工业颜料	钛白粉（硫酸法）	物料储存	呼吸气体	有组织/无组织	硫酸雾	一般排放口	《大气污染物综合排放标准》（GB 16297—1996）
		物料输送	装卸废气	无组织	硫酸雾	—	
		磨矿	含尘废气	有组织/无组织	颗粒物	一般排放口	
		酸解、浸取还原、沉降、压滤、蒸发、结晶等	酸解废气	有组织/无组织	硫酸雾、二氧化硫、氮氧化物	一般排放口	
		水解、漂洗、盐处理	煅烧废气	有组织/无组织	颗粒物、二氧化硫、氮氧化物	主要排放口	《工业炉窑大气污染物排放标准》（GB 9078—1996）
		煅烧				一般排放口	
		粉碎、干燥、包膜、包装	后处理废气	有组织/无组织	颗粒物	一般排放口	《大气污染物综合排放标准》（GB 16297—1996）
		物料储存	呼吸气体	有组织/无组织	氯化氢	一般排放口	
		物料输送	装卸废气	无组织	氯化氢	—	
	钛白粉（氯化法）	配料、氯化、冷凝、精制	氯化废气	有组织/无组织	氯化氢、氯气	主要排放口	
		预热、氧化	氧化废气	有组织/无组织	氯化氢、氯气	主要排放口	
		粉碎、包膜、干燥、包装	后处理气体	有组织/无组织	颗粒物	一般排放口	
		物料储存	呼吸气体	有组织/无组织	氮氧化物、硫酸雾	主要排放口	
		物料输送	装卸废气	无组织		—	
	氧化铁	晶种制备、硝酸亚铁制备、硫酸亚铁制备、氧化、过筛	工艺废气	有组织/无组织	氮氧化物、硫酸雾	主要排放口	
		水洗、干燥、粉碎、拼混、包装	烘干废气	有组织/无组织	颗粒物	一般排放口	
	铅铬系颜料	物料储存	呼吸气体	有组织/无组织	氮氧化物	一般排放口	
		物料输送	装卸废气	无组织		—	

111

续表

行业类别	产品类别	主要工序	产污排污环节	排放形式	污染物因子	排口类型	执行标准
工业颜料	铅铬系颜料	硝酸铅制备、辅助溶液制备	化合废气	有组织/无组织	铅及其化合物、氮氧化物	主要排放口/一般排放口	《大气污染物综合排放标准》（GB 16297—1996）
		化合反应、漂洗、压滤	化合废气	有组织/无组织	颗粒物、铅及其化合物、铬及其化合物、氮氧化物	主要排放口/一般排放口	《大气污染物综合排放标准》（GB 16297—1996）
		干燥、粉碎、拼混、包装	后处理废气	有组织/无组织	颗粒物、铅及其化合物、铬及其化合物	一般排放口	《大气污染物综合排放标准》（GB 16297—1996）
		物料储存	呼吸气体	有组织/无组织	氯化氢、氮氧化物	一般排放口	《大气污染物综合排放标准》（GB 16297—1996）
		物料输送	装卸废气	无组织		—	
	镉系颜料	酸化、过滤、沉淀、漂洗、配置、合成、漂洗、过滤	反应废气	有组织/无组织	氯化氢、氮氧化物	主要排放口/一般排放口	《工业炉窑大气污染物排放标准》（GB 9078—1996）
		烘干、煅烧	煅烧废气	有组织/无组织	颗粒物、二氧化硫、氮氧化物	主要排放口/一般排放口	《大气污染物综合排放标准》（GB 16297—1996）
		球磨、漂洗、粉碎、包装	后处理废气	有组织/无组织	颗粒物	一般排放口	《工业炉窑大气污染物排放标准》（GB 9078—1996）
	立德粉	焙烧、浸取、固液分离、反应	煅烧废气	有组织/无组织	颗粒物、二氧化硫、氮氧化物	主要排放口/一般排放口	《无机化学工业污染物排放标准》（GB 31573—2015）及其修改单
		浸取、澄清、焙烧	煅烧废气	有组织/无组织	颗粒物、二氧化硫、氮氧化物	主要排放口/一般排放口	《工业炉窑大气污染物排放标准》（GB 9078—1996）
		沉淀混合、煅烧	煅烧废气	有组织/无组织	颗粒物、二氧化硫、氮氧化物	主要排放口/一般排放口	《大气污染物综合排放标准》（GB 16297—1996）
		包膜、粉碎、包装	含尘废气	有组织/无组织	颗粒物	一般排放口	《大气污染物综合排放标准》（GB 16297—1996）
	其他工业颜料	物料储存	酸性气体	有组织/无组织	氯化氢、氮氧化物、硫酸雾	一般排放口	《大气污染物综合排放标准》（GB 16297—1996）
		物料输送		无组织		—	

续表

行业类别	产品类别	主要工序	产排污环节	排放形式	污染物因子	排口类型	执行标准
工业颜料	其他工业颜料	配料、反应、过滤、漂洗、粉碎	工艺废气	有组织/无组织	颗粒物、氯化氢、氮氧化物、硫酸雾	主要排放口/一般排放口	—
		回转窑或者其他形式	煅烧废气	有组织/无组织	颗粒物、二氧化硫、氮氧化物	主要排放口/一般排放口	《工业炉窑大气污染物排放标准》(GB 9078—1996)《大气污染物综合排放标准》(GB 16297—1996)
		干燥、粉碎	后处理废气	有组织/无组织	颗粒物	一般排放口	

注：主要排放口适用于重点管理排污单位，简化管理主要排放口类型均为一般排放口。

表 5-10　工业颜料制造废水排放去向、水污染物种类、排口类型及执行标准一览表

行业类别	废水类别		排放去向	污染物因子	排口类型	执行标准
钛白粉	生产废水	漂洗废水、后处理废水等	厂内综合废水处理设施	pH、化学需氧量、氨氮、总氮、悬浮物、色度	—	—
		设备洗涤水、设备冷却水、地面冲洗水、废气洗涤废水		pH、化学需氧量、悬浮物、色度	—	—
	生活污水		厂内综合废水处理设施	pH、化学需氧量、五日生化需氧量、氨氮、悬浮物、总磷、动植物油	—	—
			不外排	pH、化学需氧量、五日生化需氧量、氨氮、总氮、悬浮物、总磷、色度	—	—
			公共污水处理系统		一般排放口	《污水综合排放标准》(GB 8978—1996) 表 2 或表 4 三级标准
			地表水体	pH、化学需氧量、五日生化需氧量、氨氮、悬浮物、总磷、动植物油		《污水综合排放标准》(GB 8978—1996)表 4 一/二级标准
氧化铁	生产废水	漂洗废水、澄清母液废水、压滤废水、设备洗涤水、设备冷却水、地面冲洗水、废气洗涤废水	厂内综合废水处理设施	pH、化学需氧量、五日生化需氧量、氨氮、总氮、悬浮物、总磷、色度	—	—
	生活污水	生活污水	厂内综合废水处理设施	pH、化学需氧量、五日生化需氧量、氨氮、悬浮物、总磷、动植物油	—	—
			不外排		—	—
			公共污水处理系统		一般排放口	《污水综合排放标准》(GB 8978—1996)表 2 或表 4 三级标准
			地表水体			《污水综合排放标准》(GB 8978—1996)表 4 一/二级标准

续表

行业类别	废水类别		排放去向	污染物因子	排口类型	执行标准
铅铬系列、立德粉、MMO、珠光颜料以及其他颜料	生产废水	一类污染物	厂内综合废水处理设施	总铅、总镉、总铬、总汞、六价铬（铅铬系颜料）、总砷（立德粉）	主要排放口/一般排放口	《无机化学工业污染物排放标准》（GB 31573—2015）及其修改单《污水综合排放标准》（GB 8978—1996）
		其他污染物		化学需氧量、悬浮物、色度、氨氮、总氮、总锌	—	—
		设备冷却水		pH、化学需氧量、悬浮物、色度	—	—
		设备洗涤水、地面冲洗水、废气洗涤水		pH、化学需氧量、悬浮物、色度		
	生活污水		不外排	pH、化学需氧量、五日生化需氧量、氨氮、悬浮物、总磷、动植物油		
	厂内综合废水处理设施		公共污水处理系统	pH、化学需氧量、五日生化需氧量、氨氮、悬浮物、色度	一般排放口	《污水综合排放标准》（GB 8978—1996）表 2 或表 4 三级标准《无机化学工业污染物排放标准》（GB 31573—2015）及其修改单表 1 或表 2 间接排放标准
			地表水体	pH、化学需氧量、五日生化需氧量、氨氮、悬浮物、总磷、动植物油		《污水综合排放标准》（GB 8978—1996）表 2 或表 4 一/二级标准《无机化学工业污染物排放标准》（GB 31573—2015）及其修改单表 1 或表 2 直接排放标准

注：主要排放口适用于重点管理排污单位，简化管理主要排放口类型均为一般排放口。

表 5-12 简化管理工业颜料排污单位自行监测相关内容一览表

类别	污染物类型	监测点位	监测指标	最低监测频次(废水监测频次分直接和间接排放)	
				直接排放	间接排放
钛白粉（硫酸法）	有组织废气	呼吸气体	硫酸雾	年	
		含尘废气、后处理废气排气筒	颗粒物	半年	
		酸解废气排气筒	硫酸雾、二氧化硫、氮氧化物	半年	
		煅烧废气	颗粒物、二氧化硫、氮氧化物	半年	
钛白粉（氯化法）		呼吸气体气筒	氯化氢	年	
		氯化废气、氧化废气排气筒	氯化氢、氯气	半年	
		后处理废气	颗粒物	半年	
氧化铁		呼吸气体	氮氧化物、硫酸雾	年	
		工艺废气	氮氧化物、硫酸雾	半年	
		烘干废气	颗粒物	半年	
铅铬系颜料		呼吸气体	氮氧化物	年	
		含铅废气	铅及其化合物氮氧化物	半年	
		化合废气	颗粒物、铅及其化合物、铬及其化合物、氮氧化物	半年	
		后处理废气	颗粒物、铅及其化合物、铬及其化合物	半年	
镉系颜料		呼吸气体	氯化氢、氮氧化物	年	
		反应废气	氯化氢、氮氧化物	半年	
		煅烧废气	颗粒物、二氧化硫、氮氧化物	半年	
		后处理废气	颗粒物	半年	
立德粉		煅烧废气	颗粒物、二氧化硫、氮氧化物	—	
		含尘废气	颗粒物	半年	
其他工业颜料	有组织废气	酸性气体	氯化氢、氮氧化物、硫酸雾	半年	
		工艺废气	颗粒物、氯化氢、氮氧化物、硫酸雾	半年	
		煅烧废气	颗粒物、二氧化硫、氮氧化物	半年	
		后处理废气	颗粒物	半年	
公用单元		实验室废气	非甲烷总烃	半年	
		固废废气	颗粒物、非甲烷总烃、臭气浓度	年	
		污水处理臭气	非甲烷总烃、臭气浓度	半年	
工业颜料	无组织废气	厂界	颗粒物、二氧化硫、氮氧化物、氯化氢、氯气、硫酸雾	半年	

续表

类别	污染物类型	监测点位	监测指标	最低监测频次（废水监测频次分直接和间接排放）	
				直接排放	间接排放
工业颜料	废水	废水总排放口	pH、化学需氧量、氨氮、流量	自动监测	
			总氮	日[1]	季度（日[1]）
			总磷	日（自动监测[2]）	季度（自动监测[2]）
			悬浮物、色度、五日生化需氧量、总有机碳、石油类、动植物油	月	季度
			挥发酚、苯胺类[3]、总铜[3]、苯、甲苯、乙苯、二甲苯、其他特征污染物[4]	季度	半年
		车间或生产设施废水排口	总汞、总镉、总铬、六价铬、总铅	半年	
			烷基汞	年	
		生活污水排放口	pH、化学需氧量、氨氮、悬浮物、总磷、总氮、五日生化需氧量、动植物油	月	

注：1. 总氮实施总量控制区及《关于加强固定污染源氮磷污染防治的通知》中规定的总氮排放重点行业，总氮目前按照最低频次按日执行，待自动监测技术规范发布后，需要采用自动监测。

2. 总磷实施总量控制区及《全域加强固定污染源氮磷污染防治的通知》中规定的总磷排放控制重点行业，总磷须采取自动监测。

3. 适用于含有颜料生产且颜料年产量在1 000 t及以上的工业颜料制造。

4. 根据环评和企业原辅材料特征确定其他特征污染物。

4.4 总量核算

总量核算包括许可排放量的计算和实际排放量的计算。许可排放量应按照国家或地方污染物排放标准等法律法规和管理制度要求，许可排放量又分为年许可排放量和特殊时段的日许可排放量，依据总量控制指标及《排污许可证申请与核发技术规范 涂料、油墨、颜料及类似产品制造业》(HJ 1116—2020)规定的方法等从严确定。2015年1月1日（含）后取得环境影响评价批复的工业颜料排污单位，许可排放限值还应同时满足环境影响评价文件和批复的要求。

计算实际排放量时，排污许可证要求应采用自动监测的污染物项目，根据符合监测规范的有效自动监测数据采用实测法核算实际排放量。对于排污许可证未要求采用自动监测的污染物项目，按照优先顺序依次选取自动监测数据、执法和手工监测数据核算实际排放量。监测数据应符合国家环境监测相关标准技术规范要求。对于排污许可证中载明要求应当采用自动监测的排放口或污染因子而未采用的，采用产污系数法核算污染物排放量，且均按直接排放进行核算。

4.4.1 大气污染物

1. 许可排放量计算方法

许可排放量包括年许可排放量和特殊时段许可排放量，其中特殊时段许可排放量为日许可排放量。

表 5-13 重点管理工业颜料排污单位自行监测相关内容一览表

类别	污染物类型	监测点位	监测指标	最低监测频次 主要排放口	最低监测频次 一般排放口
钛白粉（硫酸法）	有组织废气	呼吸气体	硫酸雾	—	年
		含尘废气、后处理废气排气筒	颗粒物		半年
		酸解废气排气筒	硫酸雾、二氧化硫、氮氧化物	—	半年
		煅烧废气	颗粒物、二氧化硫、氮氧化物	在线监测	—
钛白粉（氯化法）		呼吸气体	氯化氢		年
		氯化废气、氧化废气排气筒	氯化氢、氯气		半年
		后处理废气	颗粒物		半年
氧化铁		呼吸气体	氮氧化物、硫酸雾		年
		工艺废气	氮氧化物、硫酸雾		半年
		烘干废气	颗粒物		半年
铅铬系颜料		呼吸气体	氮氧化物		年
		含铅废气	铅及其化合物氮氧化物	季度	—
		化合废气	颗粒物、铅及其化合物、铬及其化合物、氮氧化物	季度	
		后处理废气	颗粒物、铅及其化合物、铬及其化合物	季度	
镉系颜料		呼吸气体	氯化氢、氮氧化物	—	年
		反应废气	氯化氢、氮氧化物		半年
		煅烧废气	颗粒物、二氧化硫、氮氧化物	在线监测	—
		后处理废气	颗粒物		半年
立德粉		煅烧废气	颗粒物、二氧化硫、氮氧化物	在线监测	—
		含尘废气	颗粒物		半年
其他工业颜料		酸性气体	氯化氢、氮氧化物、硫酸雾		半年
		工艺废气	颗粒物、氯化氢、氮氧化物、硫酸雾		半年
		煅烧废气	颗粒物、二氧化硫、氮氧化物	在线监测	—
		后处理废气	颗粒物		半年
工业颜料	无组织废气	厂界	颗粒物、二氧化硫、氮氧化物、氯化氢、氯气、硫酸雾	半年	

（1）年许可排放量

工业颜料年许可排放量核算方法与涂料制造、油墨及类似品制造相同，具体参见本章 3.4.1。其中，工业颜料基准排气量见下表 5-14。

表 5-14 工业颜料基准排气量表

产品类型	主要单元	产排污环节	基准排气量（Nm³/t 产品）
钛白粉（硫酸法）	煅烧单元	煅烧废气	21 000[1]

续表

产品类型	主要单元	产排污环节	基准排气量(Nm³/t产品)
钛白粉(氯化法)	氯化单元	氯化废气	近三年单位产品排气量的平均值或设计值[1,2]
	氧化单元	氧化废气	
氧化铁	中间原辅料制备单元、氧化单元	工艺废气	
铅铬系颜料	硝酸铅制备单元	含铅废气	22 000[1]
	化合反应单元	化合废气	
镉系颜料	反应单元	反应废气	近三年单位产品排气量的平均值或设计值[1,2]
	煅烧单元	煅烧废气	
立德粉	硫酸锌制备	煅烧废气	
	硫化钡制备	煅烧废气	
	煅烧车间	煅烧废气	
其他颜料	反应单元	工艺废气	
	煅烧单元	煅烧废气	

注：1. 待国家行业排放标准发布后，从其规定；地方标准有严格要求的，按地方标准执行。

2. 未投运或者投运不满一年的按照环境影响评价文件确定的设计值进行核算；投运超过一年但未满三年的按投运期内单位产品实际排气量的平均值计算；投运满三年但实际产量波动较大时可选正常一年内单位产品实际排气量。

(2) 特殊时段许可排放量核算方法

工业颜料特殊时段许可排放量核算方法与涂料制造、油墨及类似品制造相同，具体参见本章 3.4.1。

2. 实际排放量计算方法

工业颜料实际排放量计算方法与涂料制造、油墨及类似品制造相同，具体参见本章 3.4.1。

3. 废气污染物排放量核算案例

位于江苏省大气重点控制区域的某有限公司钛白粉生产项目于 2016 年获得环评审批，主要生产锐钛型钛白粉和金红石型钛白粉，设计产能分别为 3×10^4 t/a 和 7×10^4 t/a，共有 2 个排放口分别为煅烧环节的煅烧废气排气筒 DA001 及危废库排气筒 DA002，主要污染物为颗粒物、二氧化硫、氮氧化物，2019 年、2020 年及 2021 年实际产能分别为 9.72×10^4 t/a、6.98×10^4 t/a 及 7.69×10^4 t/a。

(1) 大气污染物许可排放量核算

① 废气主要排放口的确定

根据《排污许可证申请与核发技术规范 涂料、油墨、颜料及类似品》(HJ 1116—2020)，煅烧环节的煅烧废气排放口为主要排放口，需计算许可排放量，许可的污染物种类为颗粒物、二氧化硫、氮氧化物，其他排放口为一般排放口，不需要计算许可排放量。

② 参数的确定

Ⅰ. 单位产品基准排气量

由于该企业产品为钛白粉(硫酸法)，故基准排气量为 21 000 Nm³/t。

Ⅱ. 生产设施或者排污单位生产某种产品产能

因该排污单位投运超过三年,近三年实际产量平均值

$$S = \frac{97\,200 + 69\,800 + 76\,900}{3} = 81\,300 \text{ t/a}$$

故产能取值为 81 300 t/a。

Ⅲ. 污染物许可排放浓度

由于该企业位于江苏省,执行江苏省工业炉窑排放标准即为《江苏省工业炉窑大气污染物排放标准》(DB32/3728—2020)表1排放限值,颗粒物的大气污染物排放限值为 20 mg/Nm³、二氧化硫的大气污染物排放限值为 80 mg/Nm³、氮氧化物的大气污染物排放限值为 180 mg/Nm³。

③ 计算过程

Ⅰ. 二氧化硫的许可排放量:

$$E_{二氧化硫} = 21\,000 \times 81\,300 \times 80 \times 10^{-9} = 136.584 \text{ t/a}$$

Ⅱ. 氮氧化物的许可排放量:

$$E_{氮氧化物} = 21\,000 \times 81\,300 \times 180 \times 10^{-9} = 307.314 \text{ t/a}$$

Ⅲ. 颗粒物的许可排放量:

$$E_{颗粒物} = 21\,000 \times 81\,300 \times 20 \times 10^{-9} = 34.146 \text{ t/a}$$

④ 与环评批复进行比较

2015年1月1日(含)后取得环境影响评价批复的涂料制造、油墨及类似品制造排污单位,许可排放限值还应同时满足环境影响评价文件和批复的要求,将环评批复量、按照核发技术规范的核算量进行比较取严作为企业大气污染物的许可排放量,具体见表5-15。

表 5-15 大气主要污染物总量情况

污染物	环评批复量(t/a)	规范计算量(t/a)	许可排放量(t/a)
二氧化硫	632.24	136.584	136.584
氮氧化物	87.104	307.314	87.104
颗粒物	220.504	34.146	34.146

由上表可见,企业最终核定的二氧化硫、氮氧化物及颗粒物许可排放量分别为 136.584 t/a、87.104 t/a 及 34.146 t/a。

(2) 大气污染物实际排放量的计算

该企业主要排放口已安装自动监测设备,企业采用在线监测数据进行实际排放量的核算。通过在线平台查询该企业2021年每小时平均浓度和每小时烟气量数据,计算可得实际排放量。

$$E_{二氧化硫} = (58\,493.28 \times 7.07 + 60\,327.02 \times 6.44 + \cdots + 58\,609.94 \times 8.42) \times 10^{-9}$$
$$= 9.691 \text{ t/a}$$

$$E_{氮氧化物} = (58\,493.28 \times 24.06 + 6\,327.02 \times 25.6 + \cdots + 58\,609.94 \times 25.84) \times 10^{-9}$$

= 31.838 t/a

$E_{颗粒物} = (58\,493.28 \times 2.1 + 60\,327.02 \times 3.2 + \cdots + 58\,609.94 \times 2.8) \times 10^{-9}$

= 3.875 t/a

安装在线监测设备的污染物实际排放量与许可排放量对比情况见表5-16

表5-16 安装在线监测的污染物实际排放量与许可排放量对比

污染物	实际排放量(t/a)	许可排放量(t/a)	实际排放量占许可排放量之比
二氧化硫	9.691	136.584	7%
氮氧化物	31.838	87.104	37%
颗粒物	3.875	34.146	11%

4.4.2 水污染物

1. 许可排放量计算方法

工业颜料行业重点管理排污单位车间或者生产设施排放口应该申请六价铬、总铬、总铅的年许可排放量。

（1）单独排放

水污染物年许可排放量根据水污染物许可排放浓度限值、单位产品基准排水量和设计产能进行核算。具体按照公式(5-8)核算：

$$E_p = Q_s \times S \times C_S \times 10^{-6} \tag{5-8}$$

式中：

E_p 为年许可排放量，单位为 t/a；

Q_s 为单位产品基准排水量，m³/t 产品，见表5-17；向公共污水处理系统排放废水的排污单位，如有协商废水排放量，可按照协商排水量（折算为单位产品排水量）计算，但不应超过表5-17 中的要求；

C_S 为水污染物许可排放标准，mg/L；

S 为年产量，t；排污单位设计产能，兼顾近三年实际产量平均值，未投运或投运不满一年的按产能计算，投运满一年但未满三年的取周期年实际产量平均值；当实际产量平均值超过产能时，按产能计算，单位为 t/a。

表5-17 工业颜料基础排水量表

产品类型	产污环节	排放口	单位产品基准排水量（m³ 废水/t 产品）
铅铬系	生产废水		25[1]
MMO	涉重金属排放车间	车间排放口或者车间废水处理设施的排放口	40[1]
立德粉、镉系、群青、珠光颜料以及其他颜料	生产废水		近三年单位产品实际排水量的平均值或设计值[1,2]

注：1. 待国家行业排放标准发布后，从其规定；地方标准有严格要求的，按地方标准执行。

2. 未投运或者投运不满一年的按照环境影响评价文件确定的设计排水量进行核算；投运超过一年但未满三年的按投运期内单位产品实际排水量的平均值计算；投运满三年但实际产量波动较大时可选正常一年内单位产品实际排水量。

(2) 混合排放

排污单位同时生产两种或者两种以上不同产品(行业)的废水,许可排放量按公式(5-9)计算:

$$E = C_s \times \sum_{i=1}^{n}(S_i \times Q_{s,i}) \times 10^{-6} \quad (5\text{-}9)$$

式中:

E 为某种水污染物的年许可排放量,t/a;

C_s 为水污染物许可排放标准,mg/L;

S_i 为排污单位 i 产品产能,t/a;兼顾近三年实际产量平均值,未投运或投运不满一年的按产能计算,投运满一年但未满三年的取周期年实际产量平均值;当实际产量平均值超过产能时,按产能计算,单位为 t/a;

$Q_{s,i}$ 为 i 产品废水的单位产品基准排水量;

n 为排放的工业废水类别,或者产品类别。

2. 实际排放量计算方法

(1) 在线数据核算

废水总排放口具有连续自动监测数据的污染物实际排放量按公式(5-10)计算:

$$E_j = \sum_{i=1}^{T}(c_{i,j} \times Q_i) \times 10^{-6} \quad (5\text{-}10)$$

式中:

E_j 为核算时段内主要排放口第 j 项污染物的实际排放量,t;

$c_{i,j}$ 为第 j 项污染物在第 i 日的实际平均排放浓度,mg/L;

Q_i 为第 i 日的流量,m³/d;

T 为核算时段内的污染物排放时间,d。

在自动监测数据由于某种原因出现中断或其他情况,可根据 HJ/T 356—2019 进行排放量补遗。

(2) 手工监测数据核算

废水总排放口具有手工监测数据的污染物实际排放量按公式(5-11)计算:

$$E_j = \sum_{i=1}^{n}(c_{i,j} \times Q_i \times T) \times 10^{-6} \quad (5\text{-}11)$$

式中:

E_j 为核算时段内主要排放口第 j 项污染物的实际排放量,t;

$c_{i,j}$ 为第 i 监测频次时段内,第 j 项污染物实际平均排放浓度,mg/L;

Q_i 为第 i 监测频次时段内,采样当日的平均流量,m³/d;

T 为第 i 监测频次时段内,污染物排放时间,d;

n 为实际监测频次,但不得低于最低监测频次,次。

排污单位应将手工监测时段内生产负荷与核算时段内平均生产负荷进行对比,并给出对比结果。

(3) 产污系数法

采用产污系数法核算实际排放量的污染物,按公式(5-12)核算:

$$E = P \times \beta \times 10^{-3} \tag{5-12}$$

式中:

E 为核算时段内污染物排放量,t;

P 为核算时段内产品产量,t;

β 为排污系数,kg/t,可参照国家工业污染源普查相应的行业产污系数;国家或地方标准发布后,从其规定。

3. 废水污染物排放量核算案例

位于江苏省的某公司陶瓷色料项目于 2016 年获得环评审批,主要生产陶瓷色料,设计产能为 8 000 t/a,废水共有 3 个排放口,分别为车间排放口、废水总排口及雨水排放口,2019 年、2020 年及 2021 年实际产能分别为 7 800 t/a、6 700 t/a 及 5 900 t/a。

(1) 水污染物许可排放量核算

① 废水主要排放口的确定

根据《排污许可证申请与核发技术规范 涂料、油墨、颜料及类似品》(HJ 1116—2020),工业颜料制造行业车间或生产设施(一类污染物)排放口为主要排放口,许可的污染物种类为总铅、总铬、六价铬,其他排放口为一般排放口,不需要计算许可排放量。

② 参数的确定

Ⅰ. 单位产品基准排水量

由于该企业产品为陶瓷色料(铅铬系),故基准排水量为 25 m³ 废水/t 产品。

Ⅱ. 生产设施或者排污单位生产某种产品产能

因该排污单位投运超过三年,近三年实际产量平均值:

$$S = \frac{7\ 800 + 6\ 700 + 5\ 900}{3} = 6\ 800 \text{ t/a}$$

故产能取值为 6 800 t/a。

Ⅲ. 污染物许可排放浓度

该企业执行《污水综合排放标准》(GB 8978—1996)表 1 浓度限值,总铅的最高允许排放浓度为 1.0 mg/L、总铬的最高允许排放浓度为 1.5 mg/L、六价铬的最高允许排放浓度为 0.5 mg/L。

③ 计算过程

Ⅰ. 总铅的许可排放量

$E_{总铅} = 6\ 800 \times 25 \times 1 \times 10^{-6} = 0.17$ t/a

Ⅱ. 总铬的许可排放量

$E_{总铬} = 6\ 800 \times 25 \times 1.5 \times 10^{-6} = 0.255$ t/a

Ⅲ. 六价铬的许可排放量

$E_{六价铬} = 6\,800 \times 25 \times 0.5 \times 10^{-6} = 0.085$ t/a

④ 与环评批复进行比较

2015 年 1 月 1 日（含）后取得环境影响评价批复的排污单位，许可排放限值还应同时满足环境影响评价文件和批复的要求，将按照核发技术规范的核算量及环评批复量进行比较取严作为企业大气污染物的许可排放量，具体见表 5-18。

表 5-18　水主要污染物总量情况

污染物	环评批复量(t/a)	规范计算量(t/a)	许可排放量(t/a)
总铅	—	0.17	0.17
总铬	—	0.255	0.255
六价铬	0.03	0.085	0.03

由上表可见，企业最终核定的总铅、总铬及六价铬许可排放量分别为 0.17 t/a、0.255 t/a 及 0.03 t/a。

(2) 水污染物实际排放量的计算

该企业车间废水排口未要求安装自动监测设备，企业采用手工监测数据进行实际排放量的核算。根据《排污许可证申请与核发技术规范 涂料、油墨、颜料及类似产品制造业》(HJ 1116—2020)车间或生产设施废水排口每半年监测一次，企业实际情况为半年监测一次。监测数据如下表 5-19 所示。

表 5-19　水污染排放口监测情况

监测日期	污染物	污染物浓度(mg/L)	当日平均流量(m³/d)
3.15	总铅	0.2	128.3
	总铬	0.31	
	六价铬	0.12	
7.12	总铅	0.2	119.2
	总铬	0.28	
	六价铬	0.10	

企业年污染物排放时间为 243 天，上半年生产 123 天，下半年生产 120 天，由此可计算实际排放量为：

$E_{总铅} = (0.2 \times 128.3 \times 123 + 0.2 \times 119.2 \times 120) \times 10^{-6} \approx 0.006$ t/a

$E_{总铬} = (0.31 \times 128.3 \times 123 + 0.28 \times 119.2 \times 120) \times 10^{-6} \approx 0.009$ t/a

$E_{六价铬} = (0.12 \times 128.3 \times 123 + 0.10 \times 119.2 \times 120) \times 10^{-6} \approx 0.003$ t/a

手工监测时段内生产负荷为环评中设计生产负荷的 80% 左右，核算时段内企业平均生产负荷为环评中设计生产负荷的 82% 左右，由此可见，手工监测时段内生产负荷约为核算时段内平均生产负荷的 97.5%，对比结果见表 5-20。由此可见，企业实际排放量可满足许可排放量要求。

表 5-20 生产负荷及排放量对比

污染物	监测时段生产负荷	实际排放量（t/a）	核算时段平均生产负荷	许可排放量（t/a）	实际排放量占许可排放量之比
总铅		0.006		0.17	3.5%
总铬	80%	0.009	82%	0.255	3.5%
六价铬		0.003		0.03	10%

4.5 许可证核发及监管技术要点

1. 管理类别的判定

根据《固定污染源排污许可分类管理名录（2019 年版）》，单纯混合或分装的工业颜料企业为登记管理，其他均为重点管理。

2. 排放口的判定

（1）废气排放口

应准确判定排放口类型，工业颜料企业涉及主要排放口较多，容易遗漏。所有工业颜料的企业，煅烧废气排放口为主要排放口；生产钛白粉（氯化法）企业的氯化单元、氧化单元废气排放口为主要排放口；生产氧化铁的企业中间原辅料制备及氧化单元废气排放口均为主要排放口；生产铅铬系颜料的企业硝酸铅制备及化合反应单元废气排放口均为主要排放口；生产镉系颜料的企业反应单元废气排放口为主要排放口；生产立德粉的企业硫酸锌、硫化钡制备单元废气排放口均为主要排放口。

（2）废水排放口

铅铬系列、立德粉、镉系、群青、MMO、珠光颜料及其他颜料车间排放口为主要排放口，其余排放口为一般排放口，部分企业会将该类车间排放口遗漏。

3. 污染因子的识别

依据相应行业排污许可技术规范及环评文件、批复中明确的污染因子，全面准确识别废水、废气污染因子。

（1）废气污染物

应依据产品类型准确填写污染物因子，对于生产钛白粉（氯化法）的企业，氯化氧化生产单元不要遗漏氯气指标；生产氧化铁的企业，氧化单元不要遗漏硫酸雾指标。

（2）废水污染物

针对废水的种类和来源识别、填报相应污染物。部分企业会遗漏车间排放口一类污染物，废水总排口会遗漏色度、五日生化需氧量等指标。

4. 排放标准及限值的判定

根据企业所排放的废气、废水污染物，选择相应的标准，标准的填报要完整、准确。对于有煅烧工序的废气排放口应执行《工业炉窑大气污染物排放标准》（GB 9078—1996），立德粉制造硫酸锌和硫化钡制备工序废气、废水排放口还应执行《无机化学工业污染物排放标准》（GB 31573—2015）。

5. 自行监测的核实

工业颜料行业尚未出台自行监测指南，需根据《排污许可证申请与核发技术规范涂料、油墨、颜料及类似产品制造业》(HJ 1116—2020)中自行监测管理要求进行自行监测方案的制定。

(1) 废气污染物

煅烧废气二氧化硫、氮氧化物及颗粒物均应采用在线监测,其他指标监测方式可采用手工监测。根据生产产品和原辅材料,还应考虑氯化氢、氯气及硫酸雾是否需纳入监测。

(2) 废水污染物

部分重点管理企业遗漏车间排放口的监测,应对一类污染物进行监测,频次为半年。生活污水排放口无论直接排放还是间接排放均需开展监测工作,监测频次一般为月,故容易遗漏五日生化需氧量等监测因子,该部分与涂料制造、油墨及类似品制造企业有所区别。

(3) 周边环境质量

2015年1月1日(含)以后取得环评审批的排污单位,还应根据环评文件要求及审批意见开展自行监测工作,企业容易遗漏该部分内容。

第六章

电镀工业

1 行业概况及管理类别

1.1 行业概况

根据《国民经济行业分类》(GB/T 4754—2017),金属表面处理及热处理加工(行业代码336)是指对外来的金属物件表面进行的电镀、镀层、抛光、喷涂、着色等专业性作业加工。电镀工业属于该行业类别。

金属表面处理及热处理加工行业在现有的排污许可体系中涉及四大类排污单位,分别为电镀工业、专门处理电镀废水的集中式污水处理厂、含表面处理通用工序的企业和热处理加工企业。其中电镀工业和专门处理电镀废水的集中式污水处理厂适用于《排污许可证申请与核发技术规范 电镀工业》(HJ 855—2017);表面处理作为通用工序尚未发布单独的技术规范,主要参照《排污许可证申请与核发技术规范 铁路、船舶、航空航天和其他运输设备制造业》(HJ 1124—2020)中"附录A 表面处理(涂装)排污单位";热处理加工行业主要参照《排污许可证申请与核发技术规范 总则》(HJ 942—2018)。由于行业类别及执行的规范有较大差异,本章节主要介绍电镀工业和有电镀工序的企业排污许可核发和监管技术要点。

1.2 管理类别

1.2.1 不予核发排污许可证的情形

根据《排污许可管理办法(试行)》及环保部《关于固定污染源排污限期整改有关事项的通知》(环环评〔2020〕19号)中的规定,存在以下几种情形之一的排污单位,生态环境主管部门暂不予核发排污许可证。

1. 位于法律法规规定禁止建设区域内的。
2. 属于国务院经济综合宏观调控部门会同国务院有关部门发布的产业政策目录中明令淘汰或者立即淘汰的落后生产工艺装备、落后产品的。

根据《产业结构调整指导目录(2019年本)》,含有毒有害氰化物的电镀工艺(电镀金、银、铜基合金及予镀铜打底工艺除外)属淘汰类落后生产工艺装备行列,不予核发排污许可证。

3. "不能达标排放"类,污染物排放不符合污染物排放标准要求;重点污染物排放不符合排污许可证申请与核发技术规范、环境影响报告书(表)批准文件、重点污染物排放总量控制要求;排污单位位于未达到国家环境质量标准的重点区域、流域,污染物排放不符合有关地方人民政府关于改善生态环境质量特别要求的。

4."手续不全"类,未依法取得建设项目环境影响报告书(表)批准文件,未办理环境影响登记备案手续,但是已经按照有关规定获得经地方人民政府依法处理、整顿规范并符合要求的相关证明材料的,或者按照地方人民政府有关规定已经取得排污许可证的除外。

5."其他"类,如未按照规定安装、使用自动监测设备并与生态环境主管部门监控设备联网,未按规定设置污染物排放口等。

1.2.2 管理类别的划分

1. 排污许可管理类别

根据《固定污染源排污许可分类管理名录(2019年版)》金属表面处理及热处理加工行业排污许可管理类别详见表6-1。

表6-1 金属表面处理及热加工行业排污许可管理类别一览表

行业类别	管理类别		
	重点管理	简化管理	登记管理
金属表面处理及热处理加工 336	纳入重点排污单位名录的	除重点管理以外的有酸洗、抛光(电解抛光和化学抛光)、热浸镀(溶剂法)、淬火或者无铬钝化等工序的、年使用10 t及以上有机溶剂的	其他
	专业电镀企业(含电镀园区中电镀企业)		
	专门处理电镀废水的集中处理设施		
	有电镀工序的		
	有含铬钝化工序的		

2. 环评管理类别

根据《建设项目环境影响评价分类管理名录(2021年版)》金属表面处理及热处理加工行业环评类别详见表6-2。

表6-2 金属表面处理及热加工行业环评管理类别一览表

项目类别	环评类别		
	报告书	报告表	登记表
金属表面处理及热处理加工 336	有电镀工艺的	其他(年用非溶剂型低VOCs含量涂料10 t以下的除外)	—
	有钝化工艺的热镀锌		
	使用有机涂层的(喷粉、喷塑、浸塑和电泳除外;年用溶剂型涂料(含稀释剂)10 t以下和用非溶剂型低VOCs含量涂料的除外)		

由上表可见,电镀企业和有电镀工序的企业,环评类别均要编制报告书,排污许可均为重点管理。

2 主要标准及技术规范

专业电镀企业、含电镀工序的企业适用下列相关技术规范、自行监测技术指南及排放标准。

1. 涉及的排污许可相关技术规范

排污许可申报优先执行本行业技术规范有关要求,本行业规范中未涉及的工序可参照总则及其他行业排污许可技术规范。

(1)《排污许可证申请与核发技术规范 电镀工业》(HJ 855—2017)
(2)《排污许可证申请与核发技术规范 总则》(HJ 942—2018)
(3)《排污许可证申请与核发技术规范 锅炉》(HJ 953—2018):涉及执行《锅炉大气污染物排放标准》(GB 13271—2014)的生产设施或排放口
(4)《排污许可证申请与核发技术规范 业固体废物(试行)》(HJ 1200—2021)

2. 涉及的自行监测技术指南

自行监测工作开展优先执行本行业技术指南有关要求,本行业指南中未涉及的工序可参照总则及其他行业自行监测技术指南。

(1)《排污单位自行监测技术指南 电镀工业》(HJ 985—2018)
(2)《排污单位自行监测技术指南 总则》(HJ 819—2017)
(3)《排污单位自行监测技术指南 火力发电及锅炉》(HJ 820—2017)

3. 涉及的排放标准

(1)《电镀污染物排放标准》(GB 21900—2008)
(2)《锅炉大气污染物排放标准》(GB 13271—2014)
(3)《轧钢工业大气污染物排放标准》(GB 28665—2012)
(4)《污水综合排放标准》(GB 8978—1996)
(5)《污水排入城镇下水道水质标准》(GB/T 31962—2015)
(6)其他相关地方标准

地方有更严格要求的,按地方标准执行。

3 主要产排污环节

电镀是用电化学方法在固体表面电沉积一薄层金属、合金或金属与非金属粉末一起形成复合电沉积层的过程。电镀时,被镀工件作为阴极,与直流电源负极相连接,阳极连接电源正极,并将它们放入电镀槽中,电镀槽中应有含被镀金属离子或络离子的电解液,接通直流电源,金属离子或络离子在电场作用下,在阴极上发生电化学还原反应,沉积出金属原子,并逐步形成镀层,如镀锌、镀铬、镀镍、镀铜均采用上述工艺过程。此外,还有一种阳极氧化工艺,即将金属或合金的零件作为阳极,采用电解的方法使其表面形成氧化膜的过程。对钢铁零件表面进行阳极氧化处理的过程,称为发蓝。

电镀生产线通常包括前处理、镀覆处理和后处理几个环节,前处理主要包括对镀件粗糙表面的机械整平,如磨光、抛光、喷丸、喷砂等,在此基础上进行除油、除锈、酸洗、中和、浸蚀、水洗等;镀覆处理是指在金属表面由于电镀而形成一种金属表面效应的膜层;后处理包括钝化、着色、封闭、中和、退镀、水洗、脱水、干燥、烘干等。根据所镀金属种类不同、镀层用途的不同,电镀工艺流程不尽相同。常见电镀工艺流程见图 6-1。

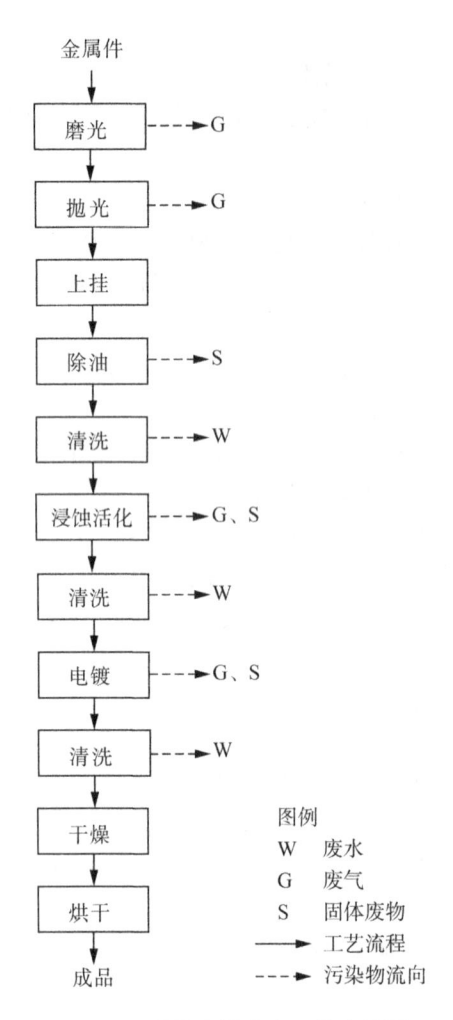

```
           金属件
            ↓
          ┌─────┐
          │ 磨光 │----> G
          └─────┘
            ↓
          ┌─────┐
          │ 抛光 │----> G
          └─────┘
            ↓
          ┌─────┐
          │ 上挂 │
          └─────┘
            ↓
          ┌─────┐
          │ 除油 │----> S
          └─────┘
            ↓
          ┌─────┐
          │ 清洗 │----> W
          └─────┘
            ↓
          ┌──────┐
          │浸蚀活化│----> G、S
          └──────┘
            ↓
          ┌─────┐
          │ 清洗 │----> W
          └─────┘
            ↓
          ┌─────┐
          │ 电镀 │----> G、S
          └─────┘
            ↓
          ┌─────┐
          │ 清洗 │----> W
          └─────┘
            ↓
          ┌─────┐
          │ 干燥 │
          └─────┘
            ↓
          ┌─────┐
          │ 烘干 │
          └─────┘
            ↓
           成品
```

图例
W   废水
G   废气
S   固体废物
──→ 工艺流程
--→ 污染物流向

图 6-1　常见电镀生产工艺流程图

具体工艺流程介绍如下：

1. 磨光、抛光：磨光能使金属零件粗糙不平的表面变得平坦光滑。其次，它还能去除金属零件表面的毛刺和氧化皮、锈及沙眼、沟纹、气泡等。抛光的目的是为了消除金属零件表面的微观不平，使它具有镜面般的外观。该工段产生含颗粒物的废气。

2. 除油：需进行电镀的金属零件，其表面通常会附着油污，主要是由于在机械加工过程中要使用润滑油、热处理中要用油淬、半成品在库存期间要涂防锈油、磨光和抛光的时候也要使用抛光膏等造成金属表面会有油污。在预处理过程中首先要进行除油，常用的方法有：化学溶剂除油、电解除油、超声波除油等。除油工序要定期进行油水分离，产生的油水分离废液作为固废进行处理处置。

3. 除油后清洗：将除油后的工件进行清洗，该道工序产生脱脂除油废水。

4. 浸蚀活化：是把被镀零件通过酸或碱溶液侵蚀，使其表面的氧化膜溶解露出活泼的金属界面的过程。用以保证电镀层与基体的结合力。该工序会产生酸雾和废渣。

5. 浸蚀活化后清洗:对浸蚀后的工件进行清洗,该工序会产生酸碱废水。
6. 电镀:将被镀工件放入含被镀金属离子或络离子电解液的镀槽中,接通直流电源,金属离子或络离子在电场作用下,发生电化学还原反应,沉积出金属离子,并逐步形成镀层。该工序通常会产生酸雾和废渣。
7. 电镀后清洗:将电镀后的工件进行清洗,该工序会产生含重金属的废水。
8. 干燥、烘干:将镀好的工件进行干燥和烘干,成品进行检验入库。

4　行业污染排放情况

1. 大气污染物

电镀工业及含电镀工序企业大气污染物排放情况见表6-3,废气排放口分为主要排放口和一般排放口,电镀工业排污单位主要排放口为锅炉烟气排放口,一般排放口为电镀设施废气排放口。

表6-3　电镀工业及电镀工序产排污环节、大气污染物种类、排口类型及执行标准一览表

主要工序	产排污环节	排放形式	污染物因子	排口类型	执行标准
电镀生产线	滚光、抛光、喷丸、喷砂	有组织	颗粒物	一般排放口	《大气污染物综合排放标准》(GB 16297—1996)
	除油、除锈、酸化、粗化、敏化、中和、预浸、活化、出光等	有组织/无组织	氯化氢、硫酸雾、铬酸雾、氟化物、氮氧化物	一般排放口	《电镀污染物排放标准》(GB 21900—2008)
	镀铬	有组织/无组织	铬酸雾		
	有氰镀覆	有组织/无组织	氰化氢		
	钝化、着色、中和、退镀等	有组织/无组织	氯化氢、硫酸雾、铬酸雾、氮氧化物		
公用单元	锅炉	有组织	颗粒物、二氧化硫、氮氧化物、汞及其化合物、烟气黑度	主要排放口	《锅炉大气污染物排放标准》(GB 13271—2014)
	露天煤场、渣场	无组织	颗粒物	—	《大气污染物综合排放标准》(GB 16297—1996)

2. 水污染物

电镀工业及含电镀工序企业水污染物排放情况见表6-4,废水排放口分为主要排放口和一般排放口。

专业电镀企业的车间或生产设施排放口、废水总排口为主要排放口,单独排放的生活污水排放口和雨水排放口为一般排放口。

有电镀工序的企业的电镀车间或生产设施排放口为主要排放口,其他与电镀工序无关的排放口类型按照相关行业排污许可证申请与核发技术规范执行。

当园区内电镀企业,其含总铬、六价铬、总镍、总镉、总银、总铅、总汞7种第一类污染

表6-4 电镀排污单位废水排放去向、水污染物种类、排口类型及执行标准一览表

企业类别	废水类别	污染物因子	排口名称	排放去向	排口类型	执行标准
电镀工业排污单位（直排企业）	含铬废水	总铬、六价铬	车间或生产设施排放口	厂内综合废水处理设施	主要排放口	《电镀污染物排放标准》（GB 21900—2008）
	重金属废水	总镍、总镉、总银、总铝、总汞				
	含氰废水	总铜、总锌、总铁、总铝、pH、悬浮物、化学需氧量、氨氮、总氮、总磷、总氰化物、石油类、氟化物、动植物油等	总排放口	外排	主要排放口	
	酸碱废水					
	综合废水（含生活污水、初期雨水等）					
	生活污水	pH、化学需氧量、五日生化需氧量、悬浮物、氨氮、动植物油等	单独外排口	接城镇污水处理厂	一般排放口	《污水排入城镇下水道水质标准》（GB 8978—1996）
	雨水	pH、悬浮物	雨水排放口	外排	一般排放口	—
电镀工业排污单位（接专门处理电镀废水的集中式废水处理厂）	含铬废水	六价铬、总铬	车间或生产设施排放口	电镀废水污水处理厂分质处理单元	主要排放口	《电镀污染物排放标准》（GB 21900—2008）
	含镉废水	总镉				
	含镍废水	总镍				
	含铝废水	总铝				
	含银废水	总银				
	含汞废水	总汞				
	含氰废水	总铜、总锌、化学需氧量、总铁、氨氮、悬浮物、氰化物、总磷、总氮、氟化物	总排放口	外排	主要排放口	接管协议
	酸碱废水					
	综合废水（含生活污水、初期雨水等）					
	生活污水	pH、化学需氧量、五日生化需氧量、悬浮物、氨氮、动植物油等	单独外排口	接城镇污水处理厂	一般排放口	《污水排入城镇下水道水质标准》（GB 8978—1996）
	雨水	pH、悬浮物	雨水排放口	外排	一般排放口	—

物的废水专管排入专门处理电镀废水的集中式污水处理厂时,该污水处理厂第一类污染物废水分质处理单元的出水口,可视为电镀企业的车间或生产设施排放口。其中,含铬废水必须单独处理,其他一类污染物尽可能地分质处理。

3. 固体废弃物

电镀工业排污单位一般固体废弃物和危险废物的种类和来源见表6-5。

表6-5 电镀工业排污单位一般固体废弃物及危险废物的种类和来源

类别	来源	种类
一般工业固体废物	生产车间	废包装物、热镀锌锌灰、锌渣等,生活垃圾
危险废物	生产车间、废水/废气处理设施	槽液过滤产生的废渣、废弃槽液、废退镀液、废活性炭、废反渗透膜、废树脂、脱脂油泥、接触危险废物的弃用劳保用品及包装物、电镀污泥等

5 自行监测

电镀工业排污单位在生产运行时排放的废水、废气及噪声主要参照《排污单位自行监测技术指南电镀工业》(HJ 985—2018)、排污许可证、环评及批复等要求确定的监测内容;周边环境质量影响监测参照排污单位环评文件、环评批复及其他环境管理要求确定监测内容,无明确要求的,排污单位可根据实际情况对周边地表水及沉积物、地下水和土壤开展监测。

对于有锅炉的电镀企业,需参照《排污单位自行监测技术指南火力发电及锅炉》(HJ 820—2017)中相关规定开展自行监测。由于电镀企业内部锅炉规模较小,仅列出14 MW或20 t/h以下规模锅炉废气自行监测相关要求,其他情形详见 HJ 820—2017。

废气监测须按相关标准分析方法、技术规范同步监测烟气参数,监测结果超标的,应增加相应指标的监测频次,周边有敏感点的,应适当增加无组织废气监测频次;设区的市级及以上生态环境主管部门明确要求安装自动监测设备的污染物指标,须采取自动监测。电镀工业排污单位自行监测相关内容见表6-6。

表6-6 电镀工业排污单位自行监测相关内容一览表

污染物类型	监测点位		监测指标	最低监测频次(废水分直接和间接排放)	
				直接排放	间接排放
有组织废气	酸碱废气排气筒		氯化氢、氮氧化物、硫酸雾、氟化物	半年	
	铬酸雾废气排气筒		铬酸雾	半年	
	含氰废气排气筒		氰化氢	半年	
	粉尘废气排气筒		颗粒物	半年	
有组织废气	锅炉排气筒[1]	燃煤	颗粒物、二氧化硫、氮氧化物、林格曼黑度、汞及其化合物	月	
		燃油	颗粒物、二氧化硫、氮氧化物、林格曼黑度	月	
		燃气	氮氧化物	月	
			颗粒物、二氧化硫、林格曼黑度	年	

续表

污染物类型	监测点位		监测指标	最低监测频次（废水分直接和间接排放）	
				直接排放	间接排放
无组织废气	厂界	工艺废气	氯化氢、铬酸雾、硫酸雾、氰化氢、氟化物	年	
	储油罐周边及厂界	工业炉窑	颗粒物	半年（重点地区）、年（一般地区）	
		燃煤、煤矸石、石油焦、油页岩、生物质的锅炉	颗粒物[2]	季度	
		燃油锅炉	非甲烷总烃	季度	
废水	车间或车间处理设施排放口		流量	自动监测	
			总铬、六价铬、总镍、总镉、总银、总铅、总汞	日	
	废水总排放口		流量	自动监测	
			pH、化学需氧量、总氰化物、总铜、总锌	日	
			总氮、总磷	月（日[3]）	
			总铁、总铝、氨氮、氟化物、悬浮物、石油类	月	
	雨水排放口[4]		pH、悬浮物	日	
噪声	厂界		LeqA	季度	
周边环境质量	地表水		pH、总铬、六价铬、总镍、总镉、总银、总铅、总汞、总铜、总锌等	季度	
	地表水体沉积物		pH、总铬、总镍、总镉、总银、总铅、总汞、总铜、总锌等	年	
	地下水		水位、pH、高锰酸盐指数、氰化物、总铬、六价铬、总铜、总锌、总镍、总铁等	年	
	土壤		pH、总铬、总镍、总镉、总银、总铅、总汞、总铜、总锌等	年	

注：1. 仅列出 14 MW 或 20 t/h 以下规模锅炉废气自行监测相关要求，其他情形详见 HJ 820—2017。
  2. 未封闭堆场需增加监测频次，周边无敏感点的，可适当降低监测频次。
  3. 总氮/总磷实施总量控制的区域，总氮/总磷最低监测频次按日执行。
  4. 雨水排放口有流动水排放时按月监测。若监测一年无异常情况，可放宽至每季度开展一次监测。

6 总量核算

总量核算包括许可排放量的计算和实际排放量的计算。许可排放量应按照国家或地方污染物排放标准等法律法规和管理制度要求，按照从严原则确定许可排放浓度，依据总量控制指标及《排污许可证申请与核发技术规范 电镀工业》（HJ 855—2017）规定的方法从严确定许可排放量。2015年1月1日(含)后取得环境影响评价批复的电镀工业排污单位,许可排放限值还应同时满足环境影响评价文件和批复的要求。

实际排放量主要包括正常排放和非正常排放实际排放量之和,应核算废气、废水主要排放口污染物实际排放量。对于排污许可证中载明应当采用自动监测的排放口和污染物,根据符合监测规范的有效自动监测数据采用实测法核算实际排放量。对于排污许可证未要求采用自动监测的排放口或污染物,按照优先顺序依次选取自动监测数据、执法和手工监测数据、产排污系数法或物料衡算法进行核算。监测数据应符合国家环境监测相关标准技术规范要求。

6.1 大气污染物

1. 许可排放量计算方法

许可排放量包括年许可排放量和特殊时段许可排放量,其中特殊时段许可排放量为日许可排放量。

(1) 年许可排放量

电镀工业排污单位应明确主要排放口,主要是锅炉烟气排放口废气中颗粒物、二氧化硫、氮氧化物许可排放量。

燃煤或燃油锅炉废气污染物许可排放量按公式(6-1)计算:

$$E_j = \sum_{k=1}^{n} R_k \times Q_k \times C_{jk} \times 10^{-6} \qquad (6-1)$$

燃气锅炉废气污染物许可排放量按公式(6-2)计算:

$$E_j = \sum_{k=1}^{n} R_k \times Q_k \times C_{jk} \times 10^{-9} \qquad (6-2)$$

式中:

E_j 为第 j 项污染物年许可排放量,t/a;

R_k 为第 k 个主要排放口对应的锅炉设计燃料用量,t/a 或 m³/a;

Q_k 为第 k 个主要排放口对应的锅炉基准排气量,Nm³/kg 燃料或 Nm³/m³ 天然气(锅炉废气基准烟气量取值见表6-7);

C_{jk} 为第 k 个主要排放口第 j 项污染物许可排放浓度,mg/m³。

表6-7 锅炉废气基准烟气量取值表

锅炉	热值	基准烟气量
燃煤锅炉	12.5 MJ/kg	6.2 Nm³/kg 燃煤
	21 MJ/kg	9.9 Nm³/kg 燃煤
	25 MJ/kg	11.6 Nm³/kg 燃煤
燃油锅炉	38 MJ/kg	12.2 Nm³/kg 燃油
	40 MJ/kg	12.8 Nm³/kg 燃油
	43 MJ/kg	13.76 Nm³/kg 燃油

续表

锅炉	热值	基准烟气量
燃气锅炉	燃用天然气	12.3 Nm³/m³燃气

注：1. 燃用其他热值燃料的，可按照《动力工程师手册》进行计算。
  2. 燃用生物质燃料，蒸汽锅炉的基准排气量参考燃煤蒸汽锅炉确定，或参考近三年企业实测的烟气量，或近一年连续在线监测的烟气量。

(2) 特殊时段许可排放量

电镀工业排污单位特殊时段废气污染物日许可排放量按公式(6-3)计算。地方制定的相关法规中对特殊时段许可排放量有明确规定的，从其规定。国家和地方环境保护主管部门依法规定的其他特殊时段短期许可排放量应当在排污许可证当中载明。

$$E_{j日许可} = E_{j前一年环统日均排放量} \times (1-\alpha) \tag{6-3}$$

式中：

$E_{j日许可}$ 为排污单位特殊时段第 j 项污染物日许可排放量，kg/d；

$E_{j前一年环统日均排放量}$ 为排污单位第 j 项污染物前一年环境统计实际排放量折算的日均值，kg/d；

α 为特殊时段日产量或排放量减少比例，%。

2. 实际排放量计算方法

(1) 全厂排放污染物实际排放量

电镀工业排污单位应按公式(6-4)核算有组织排放的颗粒物、二氧化硫、氮氧化物实际排放量：

$$E_{j全厂年排放} = \sum_{k=1}^{n} E_{jk} \tag{6-4}$$

式中：

$E_{j全厂年排放}$ 为全厂第 j 项污染物的实际排放量，kg；

E_{jk} 为核算时段内第 k 个排放口第 j 项污染物的实际排放量，kg；

n 为主要排放口数量。

(2) 主要排放口污染物实际排放量

① 采用自动监测数据核算

采用自动监测实测法是指根据符合监测规范的有效自动监测污染物的小时平均排放浓度、平均烟气量、运行时间核算污染物年排放量，核算方法见公式(6-5)。

$$E_{jk} = \sum_{i=1}^{n}(c_{ji} \times q_i \times 10^{-6}) \tag{6-5}$$

式中：

E_{jk} 为核算时段内第 k 个排放口第 j 项污染物的实际排放量，kg；

c_{ji} 为第 k 个排放口第 j 项污染物在第 i 小时的实测平均排放浓度，mg/m³；

q_i 为第 k 个排放口第 i 小时的标准状态下干排气量，m³/h；

n 为核算时段内的污染物排放时间,h。

要求采用自动监测的排放口或污染因子而未采用的,采用物料衡算法核算二氧化硫排放量,根据原辅燃料消耗量、含硫率,按直排进行核算;采用产排污系数法核算颗粒物、氮氧化物排放量,根据单位产品污染物的产生量,按直排进行核算。

对于因自动监控设施发生故障以及其他情况导致数据缺失的按照 HJ/T 75—2017 进行补遗。缺失时段超过 25% 的,自动监测数据不能作为核算实际排放量的依据,实际排放量按照"要求采用自动监测的排放口或污染因子而未采用"的相关规定进行核算。

电镀工业排污单位提供充分证据证明在线数据缺失、数据异常等不是电镀工业排污单位责任的,可按照电镀工业排污单位提供的手工监测数据核算实际排放量,或者按照上一个半年申报期间的稳定运行期间自动监测数据的小时浓度均值和半年平均烟气量或流量,核算数据缺失时段的实际排放量。

② 采用手工监测数据核算

《排污许可证申请与核发技术规范 电镀工业》(HJ 855—2017)中未明确规定手工监测数据核算方法,参照《排污许可证申请与核发技术规范 锅炉》(HJ 953—2018)中采用手工监测数据核算方法。

采用手工监测实测法应根据每次手工监测时段内每小时污染物的平均排放浓度、平均排气量、运行时间核算污染物排放量,具体见公式(6-6);监测时段内有多组监测数据时,应加权平均,计算方法见公式(6-7)。手工监测包括排污单位自行手工监测和执法监测。排污单位应将手工监测时段内生产负荷与核算时段内平均生产负荷进行对比,并给出对比结果。

$$E_{jk} = C_j \times Q_j \times T \times 10^{-9} \tag{6-6}$$

$$C_j = \frac{\sum_{i=1}^{n}(C_i \times Q_i)}{\sum_{i=1}^{n} Q_i}, Q_j = \frac{\sum_{i=1}^{n} Q_i}{n} \tag{6-7}$$

式中:

E_{jk} 为核算时段内第 k 个主要排放口第 j 项污染物的实际排放量,t;

C_j 为第 k 个主要排放口污染物的实测小时加权平均排放浓度(标态干基),mg/m³;

Q_j 为第 k 个主要排放口的小时平均干烟气量(标态),m³/h;

C_i 为核算时段内第 i 次监测的小时平均浓度(标态),mg/m³;

Q_i 为核算时段内第 i 次监测的排气量(标态),m³/h;

T 为核算时段内污染物排放时间,h;

n 为实际监测频次,但不得低于最低监测频次,次。

(3) 非正常排放计算方法

锅炉点火开炉、设备检修等非正常排放期间污染物排放量可采用实测法核定。

3. 废气污染物排放量核算案例

位于大气重点控制区域的某金属表面处理有限公司年表面处理 2 万吨机电器材项

目于2015年8月20日取得环评报告的批复,公司现有滚镀锌线、挂镀锌线、铝氧化线各2条,化学镍线、镀锡线、镀镍铬线生产线各1条,主要为汽车、电力、电器等提供表面处理服务,总加工能力为300 000 m²/a。公司现有2台2 t/h的燃气锅炉,设计年生产时间为3 000小时。有一个锅炉废气排放口及6个工艺废气排放口。

(1) 大气污染物许可排放量的计算

① 废气主要排放口的确定

根据《排污许可证申请与核发技术规范电镀工业》(HJ 855—2017)锅炉排放口为主要排放口,需计算许可排放量,工艺废气排放口为一般排放口,不需要计算许可排放量。

② 参数的确定

Ⅰ. 锅炉设计燃料用量

单台锅炉天然气用量120 m³/h,单台年运行时数约3 000 h,两台锅炉全年天然气用量720 000 m³。

Ⅱ. 锅炉基准排气量

由于锅炉使用的是天然气,故基准排气量取12.3 Nm³/m³。

Ⅲ. 污染物许可排放浓度

由于该企业位于大气重点控制地区,执行《锅炉大气污染物排放标准》(GB 13271—2014)表3规定的大气污染物特别排放限值,燃气锅炉的各污染物排放限值为二氧化硫50 mg/m³、氮氧化物150 mg/m³、颗粒物20 mg/m³。

③ 计算过程

Ⅰ. 二氧化硫的许可排放量

$$E_{二氧化硫} = 720\,000 \times 12.3 \times 50 \times 10^{-9} = 0.442\,8 \text{ t/a}$$

Ⅱ. 氮氧化物的许可排放量

$$E_{氮氧化物} = 720\,000 \times 12.3 \times 150 \times 10^{-9} = 1.328\,4 \text{ t/a}$$

Ⅲ. 颗粒物的许可排放量

$$E_{颗粒物} = 720\,000 \times 12.3 \times 20 \times 10^{-9} = 0.177\,12 \text{ t/a}$$

④ 与环评批复进行比较

2015年1月1日(含)后取得环境影响评价批复的电镀工业排污单位,许可排放限值还应同时满足环境影响评价文件和批复的要求。将环评批复量、按照核发技术规范的核算量进行比较取严作为企业大气污染物的许可排放量,具体见表6-8。

表6-8 大气主要污染物总量情况

污染物	环评批复总量(t/a)	规范计算量(t/a)	许可排放量(t/a)
二氧化硫	0.223	0.442 8	0.223
氮氧化物	2.9	1.328 4	1.328 4
颗粒物	0.07	0.177 12	0.07

由上表可见,企业最终核定的二氧化硫、氮氧化物和颗粒物的许可排放量分别为

0.223 t/a、1.328 4 t/a 和 0.07 t/a。

(2) 大气污染物实际排放量的计算

该企业锅炉废气排口未要求安装自动监测设备,企业采用手工监测数据进行实际排放量的核算。根据《排污单位自行监测技术指南 电镀工业》(HJ 985—2018)燃烧天然气的锅炉二氧化硫、氮氧化物和颗粒物每年监测一次,企业具体监测数据如下表6-9所示。

表6-9 企业锅炉排放口监测情况

监测日期	监测项目	第一次	第二次	第三次	均值
6.18	标干烟气量(m³/h)	2 380	2 440	2 395	2 405
	二氧化硫浓度(mg/m³)	8	14	12	11.3
	氮氧化物浓度(mg/m³)	32	41	36	36.3
	颗粒物浓度(mg/m³)	1.8	2.6	2.3	2.2

采用手工监测实测法应根据每次手工监测时段内每小时污染物的平均排放浓度、平均排气量、运行时间核算污染物排放量,监测时段内有多组监测数据时,应加权平均,由于本行业自行监测的最低频次要求为每年测一次,因此可直接取值,企业锅炉年污染物排放时间为2 950小时,由此可计算实际排放量为:

$$E_{二氧化硫} = 11.3 \times 2\,405 \times 2\,950 \times 10^{-9} = 0.080\,2 \text{ t/a}$$

$$E_{氮氧化物} = 36.3 \times 2\,405 \times 2\,950 \times 10^{-9} = 0.258 \text{ t/a}$$

$$E_{颗粒物} = 2.2 \times 2\,405 \times 2\,950 \times 10^{-9} = 0.015\,6 \text{ t/a}$$

手工监测时段内生产负荷为环评中设计生产负荷的90%左右,核算时段内企业平均生产负荷为环评中设计生产负荷的98%左右,对比结果见表6-10。由此可见,企业实际排放量可满足许可排放量要求。

表6-10 生产负荷及排放量对比

污染物	监测时段生产负荷	实际排放量(t/a)	核算时段平均生产负荷	许可排放量(t/a)	实际排放量占许可排放量之比
二氧化硫	90%	0.080 2	98%	0.223	36%
氮氧化物		0.258		1.328 4	19%
颗粒物		0.015 6		0.07	22%

6.2 水污染物

1. 许可排放量计算方法

电镀工业排污单位废水在车间或生产设施排放口确定总铬、六价铬、总镍、总镉、总银、总铅、总汞的许可排放量;在总排放口确定总铜、总锌、化学需氧量、氨氮以及受纳水体环境质量超标且列入《电镀污染物排放标准》(GB 21900—2008)中的其他污染因子年许可排放量。对位于"十三五"生态环境保护规划》及环境保护部正式发布的文件中规定的总磷、总氮总量控制区域内的电镀工业排污单位,还应分别申请总磷及总氮年许可排放量。地方环境保护主管部门另有规定的,从其规定。

水污染物许可排放量包括年许可排放量和特殊时段许可排放量。

电镀工业排污单位水污染物年许可排放量按公式(6-8)计算：

$$D_j = C_j \times \sum_{i=1}^{n}(Q_i S_i \times 10^{-6}) \tag{6-8}$$

式中：

D_j 为电镀废水第 j 项污染物年许可排放量，kg/a；

C_j 为第 j 项污染物的许可排放浓度，mg/L；

Q_i 为生产第 i 种产品的单位产品基准排水量，L/m²；

S_i 为第 i 种产品设计产能，m²/a；

n 为产品种类数量。

电镀工业排污单位的单位产品基准排水量按单层镀 100 L/m²，多层镀 250 L/m² 计算，或按照地方污染物排放标准确定。排水量的计量位置与污染物监控位置一致。

电镀产品设计产能还可通过公式(6-9)计算：

$$S = \frac{g \times \eta}{\rho \times h \times 10^{-6}} \tag{6-9}$$

式中：

S 为产品设计产能，m²/a；

g 为金属离子的年消耗量，kg/a；

η 为镀层金属利用率，%；

ρ 为金属离子的密度，kg/m³；

h 为金属镀层的厚度，μm。

2. 实际排放量计算方法

在自动监测数据由于某种原因出现中断或其他情况，可根据 HJ/T 356—2019 予以补遗。仍无法核算出全年排放量时，可采用手工监测数据核算。

要求采用自动监测的排放口或污染因子而未采用的，采用产排污系数法核算化学需氧量排放量，按直排进行核算。无有效自动监测数据时，可采用手工监测数据进行核算。手工监测数据包括核算时间内的所有执法监测数据和电镀工业排污单位自行或委托第三方的有效手工监测数据。电镀工业排污单位自行或委托的手工监测频次、监测期间生产工况、数据有效性等须符合相关规范文件等要求。

采用手工监测数据时，电镀工业排污单位应将手工监测时段内生产负荷与核算时段内的平均生产负荷进行对比，并给出对比结果。

（1）正常排放

电镀工业排污单位应按照要求开展自行监测，并按照公式(6-10)核算各类污染物排放量。

$$E_j = \sum_{i=1}^{n}(c_{ij} q_i \times 10^{-3}) \tag{6-10}$$

式中：

E_j 为核算时段内废水排放口第 j 项污染物的实际排放量，kg；

c_{ij} 为第 j 项污染物在第 i 日的监测浓度，mg/L；

q_i 为第 i 日的流量，m³/d；其中总铜、总锌、化学需氧量及氨氮按总排放口流量计算，总铬、六价铬、总镍、总镉、总银、总铅、总汞按车间或生产设施排放口流量计算。

n 为核算时段内的污染物排放时间，d。

（2）非正常排放

废水处理设施非正常情况下的排水，如无法满足排放标准要求时，不应直接排入外环境，待废水处理设施恢复正常运行后方可排放。如因特殊原因造成废水治理设施未正常运行超标排放污染物的或偷排偷放污染物的，按产污系数核算非正常排放期间实际排放量。

3. 废水污染物排放量核算案例

某金属表面处理有限公司年表面处理 2 万吨机电器材项目于 2015 年 8 月 20 日取得环评报告的批复，公司现有滚镀锌线、挂镀锌线、铝氧化线各 2 条，化学镍线、镀锡线、镀镍铬线生产线各 1 条，主要为汽车、电力、电器等提供表面处理服务，总加工能力为 300 000 m²/a。脱脂废水、酸碱废水、含铬废水、含镍废水等分别采用单独的管道接管至园区专门处理电镀废水的污水处理厂。

（1）水污染物许可排放量的计算

① 废水污染物及处理流程分析

根据该企业各条生产线的工艺流程图和产排污环节，其废水产生情况如下：

Ⅰ. 挂镀、滚镀锌生产线

镀锌线主要产生脱脂除油废水、酸碱废水、含锌废水、含铬废水，其中含铬废水来源于三价铬钝化工艺。

其中含铬废水、脱脂废水、酸碱废水分别进入各自的分质处理单元处理后进入综合废水处理系统；含锌废水直接进入综合废水处理系统。

Ⅱ. 化学镍线

化学镍线主要产生脱脂除油废水、酸碱废水和含镍废水，脱脂废水、酸碱废水和含镍废水分别进入各自的分质处理单元处理后进入综合废水处理系统。

Ⅲ. 镀锡线

镀锡线主要产生脱脂除油废水、酸碱废水和含锡废水；其中脱脂除油废水和酸碱废水经单独处理后进入综合废水处理系统；含锡的综合废水直接进入综合废水处理系统。

Ⅳ. 镀镍铬线

镀镍铬线主要产生脱脂除油废水、酸碱废水、含镍废水、含铬废水，其中含铬废水为六价铬。含镍废水、含铬废水、脱脂废水、酸碱废水分别进入各自的分质处理单元处理后进入综合废水处理系统。

Ⅴ. 铝氧化线

铝氧化线主要产生脱脂除油废水、酸碱废水和含镍废水，脱脂废水、酸碱废水和含镍废水分别进入各自的分质处理单元处理后进入综合废水处理系统。

② 参数的确定

企业产能及基准排水量见表6-11。

表6-11 企业产能及基准排水量

序号	生产线名称	设计镀层面积(m²/a)	镀层类别	单位产品基准水量取值 L/m²(镀件镀层)
1	镀锌线	100 000	单层镀	200
2	化学镍线	5 000	单层镀	200
3	镀锡线	10 000	单层镀	200
4	镀镍铬线	5 000	多层度	500
5	铝氧化线	30 000	单层镀	200

当园区内电镀企业，其含总铬、六价铬、总镍、总镉、总银、总铅、总汞7种第一类污染物的废水专管排入专门处理电镀废水的集中式污水处理厂时，该污水处理厂第一类污染物废水分质处理单元的出水口，可视为电镀企业的车间或生产设施排放口。其中，含铬废水必须单独处理，其他第一类污染物尽可能地分质处理。污水处理厂总排口可视为电镀企业总排口。因此污染物排放浓度取园区专门处理电镀废水的污水处理厂分质处理单元出口浓度和总排放口浓度，即《电镀污染物排放标准》(GB 21900—2008)要求。

③ 计算过程

企业排入的电镀污水处理厂有含铬、含镍废水的单独处理单元，六价铬、总铬和总镍计算车间和生产设施排放口许可排放量：

Ⅰ．车间或生产设施排放口

镀锌线产生含三价铬废水，镀镍铬线产生含六价铬废水，因此总铬和六价铬的许可排放量分别为：

$D_{总铬} = 1.0 \times (100\,000 \times 200 + 5\,000 \times 500) \times 10^{-9} = 0.022\,5 \text{ t/a}$

$D_{六价铬} = 0.2 \times 5\,000 \times 500 \times 10^{-9} = 0.000\,5 \text{ t/a}$

化学镍线、镀镍铬线和铝氧化线产生含镍废水，因此总镍的许可排放量为：

$D_{总镍} = 0.5 \times (5\,000 \times 200 + 5\,000 \times 500 + 30\,000 \times 200) \times 10^{-9} = 0.004\,75 \text{ t/a}$

Ⅱ．废水总排口

废水总排放口排水量按照基准排水量计算为：

$Q = (100\,000 + 5\,000 + 10\,000 + 30\,000) \times 200 + 5\,000 \times 500 = 31\,500\,000 \text{ L/a}$

$D_{化学需氧量} = 80 \times 31\,500\,000 \times 10^{-9} = 2.52 \text{ t/a}$

$D_{氨氮} = 15 \times 31\,500\,000 \times 10^{-9} = 0.472\,5 \text{ t/a}$

$D_{总氮} = 20 \times 31\,500\,000 \times 10^{-9} = 0.63 \text{ t/a}$

$D_{总磷} = 1.0 \times 31\,500\,000 \times 10^{-9} = 0.031\,5 \text{ t/a}$

$D_{总锌} = 1.5 \times 31\,500\,000 \times 10^{-9} = 0.047\,25 \text{ t/a}$

④ 与环评批复进行比较

2015年1月1日(含)后取得环境影响评价批复的电镀工业排污单位，许可排放限值还应同时满足环境影响评价文件和批复的要求。查阅企业环评批复,各项水污染物批复量与按照核发技术规范的核算量进行比较取严作为企业水污染物的许可排放量,具体见表 6-12。

表 6-12 主要水污染物总量情况

污染物	环评批复总量	规范计算量	许可排放量	备注
水量(m^3/a)	28 487	31 500	28 487	总排放口
化学需氧量(t/a)	2.213	2.52	2.213	
氨氮(t/a)	0.158	0.472 5	0.158	
总氮(t/a)	—	0.63	0.63	
总磷(t/a)	0.025 4	0.031 5	0.025 4	
总锌(t/a)	0.032	0.047 25	0.032	
总镍(t/a)	0.010 2	0.004 75	0.004 75	车间或生产设施排放口
总铬(t/a)	0.008 3	0.022 5	0.008 3	
六价铬(t/a)	0.001 5	0.000 5	0.000 5	

(2) 水污染物实际排放量的计算

企业产生的脱脂除油废水、酸碱废水、含铬废水、含镍废水分别通过专管进入集中处理电镀废水的污水处理厂的分质处理单元,生活污水和综合废水进入电镀污水处理厂的综合废水处理单元。上述各股废水均安装了在线监测的流量计,因此,年废水排放量可通过流量计进行统计。

电镀污水处理厂含铬、含镍废水处理单元排放口对总铬、六价铬、总镍安装了在线监测设备;在总排放口对化学需氧量、氨氮和总磷安装了在线监测设备,其余指标按日监测。按照电镀污水处理厂监测浓度和企业在线监测流量计算水污染物实际排放量。

① 车间或生产设施排放口

六价铬、总铬、总镍的实际排放量通过企业含铬、含镍废水全年在线监测流量与电镀污水处理厂含铬废水、含镍废水分质处理单元出口在线浓度的日均值的乘积得到,具体计算如下:

$$E_{六价铬} = (0.012 \times 28 + 0.009 \times 27 + \cdots + 0.014 \times 30) \times 10^{-6} = 0.000\ 22\ t/a$$
$$E_{总铬} = (0.322 \times 28 + 0.276 \times 27 + \cdots + 0.315 \times 30) \times 10^{-6} = 0.003\ 26\ t/a$$
$$E_{总镍} = (0.083 \times 12 + 0.076 \times 11 + \cdots + 0.089 \times 12) \times 10^{-6} = 0.001\ 58\ t/a$$

② 废水总排口

企业废水总排口的水量为各股废水在线监测流量日累计值之和,具体为:

$$Q = Q_{含铬废水} + Q_{含镍废水} + Q_{脱脂废水} + Q_{酸碱废水} + Q_{综合废水} + Q_{生活废水}$$

化学需氧量、氨氮和总磷在电镀污水处理厂总排口安装了在线监测设备,浓度取在线监测浓度的日均值。

$$E_{化学需氧量} = (32 \times 58 + 31 \times 56 + \cdots + 29 \times 55) \times 10^{-6} = 0.86\ t/a$$
$$E_{氨氮} = (2.11 \times 58 + 2.36 \times 56 + \cdots + 1.82 \times 55) \times 10^{-6} = 0.056\ t/a$$

$$E_{总磷} = (0.36 \times 58 + 0.33 \times 56 + \cdots + 0.28 \times 55) \times 10^{-6} = 0.0096 \text{ t/a}$$

安装在线监测设备的污染物实际排放量与许可排放量对比情况见表6-13。

表6-13　安装在线监测设备的污染物实际排放量与许可排放量对比

污染物	实际排放量(t/a)	许可排放量(t/a)	实际排放量占许可排放量之比
六价铬	0.000 22	0.000 5	44%
总铬	0.003 26	0.008 3	39%
总镍	0.001 58	0.004 75	33%
化学需氧量	0.86	2.213	39%
氨氮	0.056	0.158	35%
总磷	0.009 6	0.025 4	38%

总氮、总锌取按日手工监测值。

$$E_{总氮} = (13.4 \times 58 + 17.8 \times 56 + \cdots + 18.1 \times 55) \times 10^{-6} = 0.406 \text{ t/a}$$
$$E_{总锌} = (0.08 \times 58 + 0.10 \times 56 + \cdots + 0.07 \times 55) \times 10^{-6} = 0.0088 \text{ t/a}$$

手工监测时段内生产负荷为环评中设计生产负荷的90%左右,核算时段内企业平均生产负荷为环评中设计生产负荷的98%左右,对比结果见表6-14。由此可见,企业实际排放量可满足许可排放量要求。

表6-14　生产负荷及排放量对比

污染物	监测时段生产负荷	实际排放量(t/a)	核算时段平均生产负荷	许可排放量(t/a)	实际排放量占许可排放量之比
总氮	90%	0.406	98%	0.63	64%
总锌		0.008 8		0.032	28%

7　许可证核发及监管技术要点

1. 管理类别的判定

根据《固定污染源排污许可分类管理名录(2019年版)》,专业的电镀企业和有电镀工序的企业均为重点管理。

2. 排放口的判定

(1) 废气排放口

电镀工业排污单位废气主要排放口为锅炉烟气排放口,一般排放口为电镀设施废气排放口。但部分电镀企业除电镀生产线外,还含有热浸镀等工艺生产线,因此生产设备中含加热炉,该部分可参照《排污许可证申请与核发技术规范 工业炉窑》(HJ 1121—2020)。

(2) 废水排放口

废水主要排放口为车间或生产设施废水排放口、废水总排口。

当园区内电镀企业,其含总铬、六价铬、总镍、总镉、总银、总铅、总汞7种第一类污染物的废水专管排入专门处理电镀废水的集中式污水处理厂时,该污水处理厂第一类污染物废水分质处理单元的出水口,可视为电镀企业的车间或生产设施排放口。其中,含铬废水必须单独处理,其他第一类污染物尽可能地分质处理。污水处理厂总排口可视为电镀企业总排口。

容易产生遗漏的为一些接入专门电镀污水处理厂的企业的生活污水排放口。根据《排污许可证申请与核发技术规范 电镀工业》(HJ 855—2017),单独排放的生活污水排放口为一般排放口,但这里的"单独排放"是指单独排入城镇集中污水处理设施的生活污水,一些电镀企业其生活污水虽采用专管收集,但去向是专门处理电镀废水的污水处理厂,最终混入电镀污水处理厂的综合污水中处理后排放,而非进入城镇管网和城镇污水处理设施,因此不作为一般排放口。

3. 污染因子的识别

依据相应行业排污许可技术规范及环评文件、批复中明确的污染因子,全面准确识别废水、废气污染因子。

(1) 废气污染物

对于锅炉大气污染物,除颗粒物、二氧化硫、氮氧化物外,燃煤锅炉不要遗漏汞及其化合物、烟气黑度两项指标;燃油和燃气锅炉不要遗漏烟气黑度。对于脱脂、除油、中和、镀覆等处理工艺,以碱类物质作为原辅材料的,碱雾也作为一项大气污染物。对于使用硝酸作为原辅材料的,污染物种类是氮氧化物而非硝酸雾。

(2) 废水污染物

针对废水的种类和来源识别、填报相应污染物。企业不仅存在遗漏部分污染因子的现象,有的还多填一些污染因子,如有的企业会遗漏总铬、氟化物等污染因子;有的企业对于单独接管的生活污水遗漏了五日生化需氧量和动植物油,但多填报了石油类。

4. 排放标准及限值的判定

根据企业所排放的废气、废水污染物,选择相应的标准,标准的填报要完整、准确。容易出现以下两类问题,一是对于将废水接入电镀废水集中式污水处理厂的企业,未将排水协议中相关污染物的接管标准进行填报;二是脱脂等工艺废气中含有碱雾的,可参照《轧钢工业大气污染物排放标准》(GB 28665—2012)中脱脂工艺碱雾排放限值。

5. 接管协议的核实

电镀工业排污单位向专门处理电镀废水的集中式污水处理厂排放废水时,各类水污染物的间接排放许可浓度,可按照电镀工业排污单位与专门处理电镀废水的集中式污水处理厂协商确定,包括指标的种类与各类指标的限值。在申请核发和监管过程中不要遗漏。表6-15为某电镀污水处理厂与接管企业间的协议接管浓度。

表6-15 某电镀污水处理厂各股废水接管指标限值一览表

废水种类	pH	COD (mg/L)	氨氮 (mg/L)	总氮 (mg/L)	总磷 (mg/L)	SS (mg/L)	电导率 (μS/cm)	总氰 (mg/L)	总铬 (mg/L)	六价铬 (mg/L)	总镍 (mg/L)	总锌 (mg/L)
酸碱废水	2—10	200	30	100	10	100	4 000	0.3	1.0	0.2	0.5	200

续表

废水种类	pH	COD (mg/L)	氨氮 (mg/L)	总氮 (mg/L)	总磷 (mg/L)	SS (mg/L)	电导率 (μS/cm)	总氰 (mg/L)	总铬 (mg/L)	六价铬 (mg/L)	总镍 (mg/L)	总锌 (mg/L)
脱脂废水	7—12	400	10	30	10	300	3 000	0.3	1.0	0.2	0.5	20
电镀镍废水	2—7	200	30	100	10	100	4 000	0.3	1.0	0.2	100	20
化学镍废水	5—9	200	30	100	20	100	6 000	0.3	1.0	0.2	100	20
含锌废水	5—12	200	30	100	20	100	6 000	0.3	1.0	0.2	100	100
含铬废水	2—7	200	10	100	5	100	4 000	0.3	200	150	0.5	20
含氰废水	7—12	200	30	80	1	100	4 000	200	1.0	0.2	0.5	20
超标混排水	2—11	400	30	200	10	200	6 000	200	200	150	30	200
生活污水	6—9	400	40	50	5	300	1 000	0	0	0	0	0

6. 总量核算准确性

(1) 许可排放量

《排污许可证申请与核发技术规范 电镀工业》(HJ 855—2017)中只明确了锅炉排放口为主要排放口,但部分企业含加热炉等工业炉窑,因此直接将工业炉窑作为主要排放口进行总量核算。应先判断工业炉窑排放口的类型,许可排放量只包括工业炉窑排污单位废气主要排放口颗粒物、二氧化硫、氮氧化物,对于一般排放口,不需要进行计算。

核算废水许可排放量时,单位产品的基准排水量中已包含生活污水,因此不需要单独进行计算。

按照核发技术规范进行计算后的排放量,还要与环评及批复、总量控制指标等相关文件进行对比,通常按照取严的原则确定企业许可排放量。

(2) 实际排放量

电镀工业的主要排放口是锅炉废气排放口,存在执行报告中遗漏核算废气实际排放量的情形。对于燃气锅炉,存在未要求安装自动监测设备的情形,因此可采用手工监测数据。但在《排污许可证申请与核发技术规范 电镀工业》(HJ 855—2017)中未明确规定手工监测数据核算方法,可参照《排污许可证申请与核发技术规范 锅炉》(HJ 953—2018)中的手工监测数据核算方法,具体见公式(6-6)、(6-7),其中公式(6-6)中污染物浓度若有多组监测数据,则采用核算时段内实测小时加权平均排放浓度。

废水实际排放量计算过程中,仅总铬、六价铬、总镍、总镉、总银、总铅、总汞 7 种第一类污染物在车间或生产设施排放口确定许可排放量,因此按照车间或生产设施排放口流量计算。其他含重金属废水,如总铜、总锌按总排口流量计算。

在采用手工监测数据时,排污单位应将手工监测时段内生产负荷与核算时段内平均生产负荷进行对比,并给出对比结果。在实际情况中,企业通常也没有进行对比。